U0034253

健康 Smile

103

健康 Smile

103

雌激素很重要！

把握關鍵 10 年，改善更年期不適，
遠離乳癌、心臟病、骨質疏鬆和失智

Estrogen Matters：Why Taking Hormones in Menopause Can Improve Women's Well-
Being and Lengthen Their Lives —
Without Raising the Risk of Breast Cancer

阿夫魯姆‧布盧明 Avrum Bluming、卡蘿‧塔芙瑞斯 Carol Tavris / 著
謝汝萱 / 譯

健康Smile 103 **雌激素很重要！**

把握關鍵10年，改善更年期不適，遠離乳癌、心臟病、骨質疏鬆和失智

Estrogen Matters：Why Taking Hormones in Menopause Can Improve Women's Well-Being and Lengthen Their Lives — Without Raising the Risk of Breast Cancer

原書作者	阿夫魯姆‧布盧明（Avrum Bluming）
	卡蘿‧塔芙瑞斯（Carol Tavris）
譯　　者	謝汝萱
書封設計	林淑慧
特約美編	李緹瀅
特約編輯	洪禎璐
主　　編	高煜婷
總 編 輯	林許文二

出　　版	柿子文化事業有限公司
地　　址	11677臺北市羅斯福路五段158號2樓
業務專線	（02）89314903#15
讀者專線	（02）89314903#9
傳　　真	（02）29319207
郵撥帳號	19822651柿子文化事業有限公司
服務信箱	service@persimmonbooks.com.tw

業務行政	鄭淑娟、陳顯中

初版一刷	2024年02月
定　　價	新臺幣480元
I S B N	978-626-7408-13-1

國家圖書館出版品預行編目(CIP)資料

雌激素很重要！：把握關鍵10年，改善更年期不適，遠離乳癌、心臟病、骨質疏鬆和失智／阿夫魯姆‧布盧明（Avrum Bluming）‧卡蘿‧塔芙瑞斯（Carol Tavris）著；謝汝萱譯. -- 一版. -- 臺北市：柿子文化事業有限公司，2024.02
　面；　公分. --（健康Smile；103）
譯自：Estrogen matters: why taking hormones in menopause can improve women's well-being and lengthen their lives—without raising the risk of breast cancer.

ISBN 978-626-7408-13-1（平裝）

1.CST：雌激素 2.CST：更年期

399.5483　　　　　　　　　　　　　　　　　　　　112022062

國 內 推 薦

　　我誠摯地向您推薦這本深入探討女性更年期問題的醫學書籍。作者通過對眾多研究結果的梳理，揭示了雌激素並非導致乳癌的罪魁禍首。同時，書中詳細闡述了荷爾蒙療法在照護更年期不適上所扮演的關鍵角色，以專業觀點和豐富的醫學證據，為你我回答了停經婦女是否應該補充荷爾蒙的問題。在健康決策中，知識是最好的盾牌。我希望您閱讀完這本書後，能對自己的健康有更全面的認識，進而更明智地做出相應的決定。這本書將為您提供豐富的資訊，助您更深入地了解女性健康議題，成為自己健康的守護者。

──周輝政 教授醫師

台安醫院婦產科主治醫師、資深行政副院長兼策略長
台灣精準醫學會理事長、台灣婦產科醫學會理事

　　美國開國元勳之一，富蘭克林（Benjamin Franklin）曾說：「人生有兩件事無法避免，死亡跟繳稅。」如果妳是四十五歲以上的婦女，清單還必須增加一項：更年期。如果能把握機會之窗，及時開始荷爾蒙療法，不僅可以舒緩更年期症狀，還能降低停經後心血管疾病、骨質疏鬆症、失智

症的機率，延長壽命。然而，荷爾蒙長期以來一直被錯誤地與乳癌連結，因此，我樂見本書作者以批判性思考的方式，針對現有醫學證據進行嚴謹論證，讓不論是否已進入更年期的人，都能充分了解該療法的益處與風險（先劇透：好處比想像中多，風險則遠低於成見），再決定是否採取荷爾蒙療法。

——陳珮凌 醫師

東元綜合醫院婦科主任

《Estrogen Matters》中文版在眾人殷殷期盼下，終於要出版了！本書作者、腫瘤學家阿夫魯姆及書中提到的許多醫學專家和研究，透過實證的方式逐一揭開雌激素的神祕面紗。

女性一輩子都需要雌激素，它就像國家音樂廳的樂團所譜成的「音樂交響曲」，動聽悅耳、節奏律動恰到好處！但過往我們總把雌激素與乳癌畫上等號，實為對雌激素之誤解，這也導致許多婦女錯過使用雌激素的好時機，而不得不忍受更年期、停經後接踵而來的困境（心血管疾病、情緒障礙、骨質疏鬆、新陳代謝症候群、更年期生殖泌尿症候群等）。

根據我在臨床上運用雌激素的經驗，以及定期婦科檢查三點不漏，適當的雌激素的確可以協助熟齡婦女，以優雅健康的方式面對停經後的生活，在此誠心推薦此書給所有女性！

——張宇琪 醫師

台灣生物等同性荷爾蒙學會理事、中華亞太婦科美容學會監事
台灣更年期醫學會副秘書長、國際更年期醫學會會員
台北市立萬芳醫院婦產科主治醫師

「服用荷爾蒙恐增加罹患癌症的風險，特別是乳癌。」自2003年美國國家衛生研究院公佈「更年期與停經期間荷爾蒙替代療法的利與弊研究」結果以來，全球的女性對此深感不安，對荷爾蒙補充治療敬而遠之，寧可承受更年期的不適影響生活品質，也不願意進行荷爾蒙治療。本書作者根據眾多臨床醫學證據提出，女性荷爾蒙補充療法的好處遠遠超過潛在的罹癌風險。透過本書，女性朋友能夠全面了解更年期進行荷爾蒙補充的益處，並針對個人的疑惑找到答案。我誠摯推薦女性讀者閱讀本書。

──賴宗炫 醫師

台灣更年期醫學會監事長、國泰醫院婦產科生殖醫學中心主任

國 外 推 薦

一個有瑕疵的科學結論如何揮出一記重拳，改變了全球關於女性健康的醫療做法？在這本精彩著作中，布盧明與塔芙瑞斯挑戰那項結論，披露了其影響深遠的原因。

——羅伯特·B·席爾迪尼（Robert B. Cialdini）博士
《影響力》與《鋪梗力》作者

這本書的重要性，讓我想全力鼓勵每位女性都來閱讀。本書別開生面，研究嚴謹，從根本上說明雌激素對更年期女性，甚至罹患乳癌者的諸多益處。它揭露了，對研究結果的錯誤詮釋，如何導致女性（及其醫師）無來由地擔心使用雌激素的結果。本書鞭辟入裡的資訊，能協助女性更放心地使用雌激素，造福廣大女性活出更健康且長壽的人生。

——派翠西亞·T·凱莉（Patricia T. Kelly）博士
癌症風險評估專家、《評估罹患乳癌的真正風險》作者

有鑑於乳癌的發病率、死亡率、情緒壓力，以及治療乳癌的龐大後果，本書對於運用雌激素的傳統智慧提出正面抨擊，令人耳目一新，讓人

樂見其出版。本書將激發人們對數十年來的雌激素臨床研究進行熱烈論辯，有助於臨床醫師與患者從全新的框架來看待並衡量荷爾蒙療法的益處與風險。

——傑洛米‧P‧卡希瑞爾（Jerome P. Kassirer）醫學博士
塔夫茨大學醫學院特聘教授、《新英格蘭醫學期刊》前總編輯

我為了促進女性健康而努力已經有二十多年，「婦女健康倡議」研究竟然為了反對荷爾蒙療法而危言聳聽地宣傳並扭曲其自身發現，令我十分震驚。

我希望這本書能引起充分關注，使廣大女性及其醫師能克服對荷爾蒙補充療法的恐懼，以正視聽。

——菲麗絲‧格林伯格（Phyllis Greenberger）
女性健康研究協會會長暨執行長

本書令人引頸期盼已久，我要向作者的勇氣與努力（及其清晰機智的書寫）致敬。

我相信，對所有治療更年期女性的臨床醫師或罹患乳癌的女性來說，鼓勵患者讀這本書具有道德重要性，而且刻不容緩。

——麥克‧鮑姆（Michael Baum）醫學博士
倫敦大學學院醫學人文學院客座教授

布盧明與塔芙瑞斯以雅俗共賞的筆調，述說雌激素的故事。

為了替荷爾蒙補充療法平反，本書鉅細靡遺地研究，不厭其煩地推論，非常啟發人心！

——哈麗葉・霍爾（Harriet Hall）醫學博士
《科學醫學》編輯

文筆流暢，見解深刻，一針見血，這本書成功推翻了美國政府斥資數十億美元主持的「婦女健康倡議」研究，該計畫宣稱荷爾蒙對停經女性有害。那項研究錯了。到頭來，雌激素對女性的健康確實很重要。

——小文森・T・戴維塔（Vincent T. DeVita Jr.）醫學博士
耶魯癌症中心醫學教授、耶魯大學醫學院流行病學與公共衛生學系教授

繁中版編輯序及閱讀指南

　　許多人都有「更年期女性接受荷爾蒙療法會導致乳癌」的迷思，然而事實上，早在1990年代初期，全球早就累積了五十年的證據，顯示雌激素除了能成功抑制大多數女性的更年期症狀，還能大幅降低心臟病、髖部骨折、大腸癌、阿茲海默症的風險，一直到今日，依然有許多後續研究證實，荷爾蒙療法並不會增加乳癌風險！

　　那麼，為什麼現在仍有那麼多女性（包括許多醫師在內）會對使用荷爾蒙來改善更年期症狀有所疑慮呢？罪魁禍首就是2002年的「婦女健康研究」！

　　腫瘤學家布盧明醫學博士，親自揭開「荷爾蒙恐慌」的來龍去脈，並以現有醫學證據進行嚴謹論證，帶你充分了解雌激素治療更年期症狀的益處與風險（好處比風險多），讓廣大女性不再被似是而非的「發現」給嚇唬，而是學習評估風險與益處，做出對自己健康最有利的明確判斷。

　　以下為本書的重點介紹和閱讀指南：

更年期定義

　　女性月經連續停止十二個月以上 P123。

荷爾蒙治療是目前緩解更年期症狀最有效的方法

今日，荷爾蒙治療仍是緩解婦女更年期症狀（如熱潮紅、盜汗、心悸、失眠、陰道萎縮乾澀、尿道萎縮等）最有效的方法 見第二章 。

荷爾蒙治療對更年期前期女性也有幫助

有些女性雖然未停經十二個月以上，但身體已開始出現一些生理轉變（排卵和月經變得不更規則、生育力下降）和更年期症狀（因為雌激素分泌已經加速減少），荷爾蒙治療對這樣的女性也有益 P123 。

除了改善更年期症狀，荷爾蒙治療對停經女性的其他幫助

無條件拒絕接受荷爾蒙治療是一把雙面刃，因為如此一來，荷爾蒙治療的其他健康益處，也會被拒於停經女性的門外。

・有益於心臟、心血管健康 見第三章 。
・預防骨折與骨質疏鬆症 見第四章 。
・降低失智風險 見第五章 。
・降低大腸癌風險 P225 。

目前的共識是，在更年期剛開始或六十歲以前，也就是心血管還沒有病變、骨質健康、大腦神經細胞尚未受損的情況下，接受荷爾蒙治療的來效益最高，而且風險最低。超過六十歲才「開始」接受荷爾蒙療法，或許會失去荷爾蒙治療的保護效益，而且風險較高。

常見的荷爾蒙治療方式

更年期女性的荷爾蒙治療主要分為以下兩大類：

- 單獨使用雌激素，即雌激素替代療法：適用於手術切除子宮的更年期女性（已沒有增加子宮內膜癌風險的疑慮）。
- 雌激素合併黃體素，即荷爾蒙補充療法：適用於保有子宮的更年期婦女；不會刺激子宮內膜增生、不會增加子宮內膜癌風險。

至於雌激素的使用劑型則有以下幾種：

- 口服：最常見的方式。
- 針劑：例如165頁提到「後隨機安排為她們注射荷爾蒙或安慰劑」。
- 經皮吸收（貼片、藥膏）：經由皮膚吸收，本書第261頁便提到「許多接受荷爾蒙補充療法的女性使用的是貼片而非藥丸」；78頁則提到「在手腕上局部塗抹的雌激素霜」，另在31、234、235、266頁皆提到「雌激素陰道乳膏」。

醫師必須依每名患者的需要，根據其年齡、進入更年期的時間及其他個人健康風險考量，來開合適的荷爾蒙劑量與劑型。

荷爾蒙治療的關鍵十年

現在愈來愈多共識，也愈來愈多研究發現，在女性剛好更年期左右

的時間——停經後十年內、六十歲以前就「開始」接受荷爾蒙治療——效益最佳且風險最小。不管如何，在接受荷爾蒙治療前，醫師通常會幫妳抽血檢查，確認是否已進入更年期，同時也會進行個人完整的健康及風險評估，來決定是否開立或開立合適的治療處方。 `P255`

荷爾蒙治療的時間長短

對於「能否只在最短期間內接受最低劑量的荷爾治療就好」這個問題，作者認為不應對女性接受荷爾蒙補充療法的時間長短設下武斷限制。

北美更年期學會在2017年發布一份立場聲明，指出「六十歲或六十五歲以上的女性，不須一律中止荷爾蒙療法，六十五歲以上的女性若有持續的血管舒縮症狀、生活品質問題，或為預防骨質疏鬆症，可在對其益處與風險的適當評估及諮詢下，考慮繼續進行荷爾蒙療法……沒有數據支持女性一到六十五歲就應一律停止荷爾蒙補充療法的做法。」 `P253`

荷爾蒙治療的風險

每種醫療介入手段都有風險，荷爾蒙治療也有一些關於其風險的合理憂慮，但作者認為，醫療專業人士不該因為雌激素對少數女性造成的小風險，而忽略了有大量不可忽視的證據指出，雌激素對大部分女性具有莫大益處。

· 提到荷爾蒙治療，女性最擔心的是，雌激素會造導致乳癌風險增高，但這是錯誤的觀念，雌激素並不會助長罹患乳癌的風險，事實上，使用雌

激素的女性比未使用的女性更長壽，有些研究指出荷爾蒙補充治療（雌激素合併黃體素）五年以上會些微增加乳癌風險，但並不具統計意義 見第一章 。此外，雌激素對曾經得過乳癌的更年期女性，一樣有幫助 見第六章 。

- 並未發現雌激素會增加那些進入更年期不久、血管健康良好的較年輕女性中風的風險，但可能會增加那些年逾六十歲、超重、有高血壓、抽菸（本來就可能有某種程度的動脈粥狀硬化疾病）的女性中風的風險 P169、183 。

- 較嚴重的風險如靜脈栓塞，但在健康的更女期女性身上，這類風險很小，並不比接受安慰劑治療的人顯著偏高 P256 。

- 其他可能的小風險（因人而異）如眼睛乾澀、偏頭痛、乳房脹痛、腹脹、心情起伏不定、子宮出血，以及口服雌激素可能引起的血壓異常升高，不過，這些都可以藉由調整荷爾蒙補充療法的劑量與劑型來處理 P256 。

　　荷爾蒙療法的益處良多，而且通常勝過風險，甚至能延長女性的壽命。因此，作者不斷向我們呼籲，不應因為「過時的偏見和恐懼」而一面倒地否定荷爾蒙療法，相反的，荷爾蒙療法應該是專業醫療評估下的一個值得考慮的選項，從而讓女性不再為更年期及其併發症所苦。

CONTENTS

事實終究勝過統計。

—— 伯納丁・希利（Bernadine Healy）——

真相乃時間之女，並非生自權威。

—— 法蘭西斯・培根（Francis Bacon）——

雌激素對大部分女性都有益處

　　阿夫魯姆最近在一位友人的轉診下，收到一名陌生女子的電子郵件。這名女性正在為乳房超音波的可疑發現而苦惱不已，她的乳房攝影顯示似乎有囊腫，所以放射科醫師安排了超音波檢查，結果發現那是惡性腫瘤。她寫到自己「嚇壞了」，而且感到絕望，心裡已預見自己得切掉整個乳房；她表示，就算要切掉整個上半身，她也願意。這名女性是一位五十歲的大學實驗心理學教授，但她還沒做活體組織檢查，就已嚇得魂不附體了。

　　阿夫魯姆十分明白，就算只是懷疑那是不是乳癌，也會為當事人帶來莫大的恐懼。身為腫瘤學家，他有六成左右的生涯都奉獻給乳癌的研究與治療。1988年，他四十五歲的妻子瑪莎被診斷出乳癌。她的胸部有個疑似為良性的小瘤，但仍應該割除。他還清楚記得，切除腫瘤的外科醫師告訴他「很抱歉，阿夫魯姆，那是癌」時，那股油然而生的恐懼。他覺得自己彷彿正牽著瑪莎的手，走在高山的崎嶇路徑上，而腳下的岩石卻突然鬆動了。但兩天後，那位外科醫師看似不經意地表示，他把切下的腫瘤送去做活體組織檢查，發現腫瘤很正常。阿夫魯姆聽了之後，放下心中的大石——無論接下來會發生什麼事，瑪莎痊癒的機率都高多了。

我們反覆聽到一個統計數字：每8名女性中就有1人（12%）會在人生的某個階段罹患乳癌，但這個數字應該放進更大的背景來理解：沒錯，每8名女性就有1人會得乳癌，但她得活到八十五歲才有這麼高的可能性。

派翠西亞·T·凱莉（Patricia T. Kelly）在《評估罹患乳癌的真正風險》中的解釋如下：

・三十歲女性在四十歲前得乳癌的風險是：每227人中有1人（0.4%）。
・四十歲女性在五十歲前得乳癌的風險是：每68人中有1人（1.5%）。
・五十歲女性在六十歲前得乳癌的風險是：每42人中有1人（2.4%）。
・六十歲女性在七十歲前得乳癌的風險是：每28人中有1人（3.6%）。
・七十歲以上女性得乳癌的風險最高：每26人中有1人（4%）。

那麼，上述的「8人中會有1人得乳癌」的數據是從哪裡來的？這是將每個年齡層的風險加總得來的：0.4加1.5加2.4等等，但如果妳是從未確診乳癌的六十歲女性，在接下來的幾十年中罹癌的風險僅有7.6%（從六十歲往前推，每十年風險就降低12%）；女性在人生各階段得乳癌的風險，都不會超過每26人中有1人的機率。

不過，迄今最重要的統計數字是：目前診斷出有初期乳癌的女性中，九成以上都能夠痊癒，而且大多不需要接受有損外觀的乳房根除術或化學治療。

瑪莎被診斷出癌症是三十年前的事了。在切除乳房腫瘤後，她接受了術後放射治療與化學治療，自此癌症未再復發。然而，化學治療使她提早進入更年期，出現了嚴重的症狀，而且沒有消退的跡象。她對此並沒有怨言，她比自己的丈夫更清楚，人們總是期待女性要接受那種「人生變化（更年期）」，只是她為此受了不少罪。多年來，接受阿夫魯姆治療的女性，也都回報了林林總總的相同症狀：熱潮紅、失去性慾、因陰道乾澀而造成性交疼痛、睡眠障礙、心悸、不明且非典型的焦慮發作、難以專注，還有思緒不清（這一點尤其讓瑪莎困擾），例如想不起電話號碼，甚至很難跟上書中的故事情節。

　　因此，阿夫魯姆更全面地深入了解更年期症狀及其治療的世界。當時（今日亦然）治療這類症狀最有效也最無爭議的療法是雌激素。由於僅採用「雌激素替代療法」（estrogen replacement therapy，簡稱ERT）可能會增加罹患子宮內膜癌的風險，所以仍有子宮的女性會以「荷爾蒙補充療法」（hormone replacement therapy，簡稱HRT；譯註：本書中的「荷爾蒙」，大多指稱「性荷爾蒙」），即雌激素合併黃體素，來獲取雌激素的益處，且不會增加罹患子宮內膜癌的風險。[1]瑪莎請阿夫魯姆開雌激素給她。多年

---

① ERT、HRT這類名稱縮寫在今日是有爭議的，因為許多醫師與非醫界人士不喜歡「替代」（replacement）這個詞。有些人偏好以「荷爾蒙療法」（hormone therapy）來稱呼（雖然這個詞可用來指因應任何問題的荷爾蒙治療），有些人則偏好「更年期荷爾蒙療法」（menopausal hormone therapy）一詞，但似乎也沒有改進多少。

來也有多名乳癌患者向阿夫魯姆提出相同的請求。她們抱怨生活品質嚴重受損，希望雌激素能帶來緩解。當時他力勸她們不要服用，因為時下的醫學界擔心雌激素會增加乳癌復發的風險（第六章會說明，**事實上不會因此增加**）。

到了1990年代初期，研究者已經累積了五十年關於雌激素會帶來益處的證據，而且所有證據都有醫學文獻的正式記載。**雌激素不僅能成功抑制大多數女性的更年期症狀，更能大幅降低心臟病、髖部骨折、大腸癌、阿茲海默症的風險。**

- 《新英格蘭醫學期刊》1991年的評論〈停經後使用雌激素的相關疑慮：停止辯論、採取行動的時候到了〉指出，美國女性的動脈粥狀硬化心臟病死亡率，比乳癌高七倍以上，而雌激素能減少40%到50%的動脈粥狀硬化心臟病罹患率。
- 長期進行的「佛萊明罕心臟研究」（Framingham Heart Study，譯註：以美國麻州佛萊明罕市居民為對象的一項長期心血管分群研究，自1948年延續至今）指出，雌激素能降低50%與骨質疏鬆症有關的髖部骨折，而髖部骨折的全年死亡率與乳癌不相上下。
- 威斯康辛大學與美國癌症協會分別進行的研究指出，雌激素能減少50%罹患或死於大腸癌的風險。
- 南加州大學的研究則指出，雌激素能減少35%罹患阿茲海默症的風險。

在無乳癌史的女性身上，相關研究亦發現雌激素並不會助長罹患乳

癌的風險，即使使用雌激素十到十五年也不會。最值得注意的是，**使用雌激素的女性比未使用的女性更長壽**。1997年的一篇《美國醫學會期刊》報告指出，「對絕大部分的停經女性而言，荷爾蒙補充療法可延長高達三年的壽命。」這項分析的結論是，從罹病率降低、壽命延長來衡量，今日有高達99%的停經女性能從荷爾蒙補充療法中獲益。

難怪1990年代的醫界對「雌激素替代療法」與「荷爾蒙補充療法」的益處形成了很強的共識！心臟病專家暨美國國家衛生院首位（也是迄今唯一一位）女院長伯納丁·希利在1995年的著作《女性健康的新藥方：在男性世界中獲得最佳醫療照護》中觀察到，女性隨著年齡漸長而面臨的重大風險，如心臟病、中風、骨質疏鬆症、阿茲海默症等，多數「已經或可以在接受荷爾蒙補充療法後降低」。根據上述數據的結果，她寫道，等自己一到更年期，她打算「立刻」展開荷爾蒙補充療法。

　　對我而言，這些益處非常驚人。逐一檢視所有報告後，我的結論是，長期進行荷爾蒙補充療法或許無法讓妳的女性美永遠停駐，但顯然能給妳大幅延長健康時間的機會。荷爾蒙補充療法對個別疾病或特定器官的益處，令人印象深刻。但將種種益處綜合來看，說服力更強。隨著年齡漸長，女性的生活品質主要是由整體健康來主導，健康讓她能把人生的下半場看成是福氣與人生的第二次巔峰。

她接著補充：「不考慮採用荷爾蒙補充療法，也是一種關乎健康的

決定，就像你決定不打流感疫苗或肝炎疫苗一樣。依我之見，女性在更年期之前的健康不輸男性，生命力強，而且在生育年齡不會受到那些影響男性的諸多問題所侵害。我看不出為什麼更年期之後就得放棄那種優勢——如果我幫得上的話。」

今日，在希利提出建議的二十多年之後，雌激素的益處已經被其風險激起的恐慌淹沒，而源頭就是「婦女健康倡議」（Women's Health Initiative）研究最早發表於2002年的多份報告。那些報告聲稱，荷爾蒙補充療法絕對是危險的，將會增加罹患乳癌、心臟病、中風、失智症的風險，上述疾病則會導致壽命縮短。數十萬名被乳癌嚇壞的女性，立刻退出了荷爾蒙補充療法，醫師也大多支持她們的決定。如果你上網查詢，會發現今日仍有許多醫學中心以婦女健康倡議的報告為由，規勸女性不要接受任何荷爾蒙補充療法，或是只要短期接受就好。

不過，本書的仔細檢視將為讀者顯示，「婦女健康倡議」各項研究的主張，有些是誇大其詞，有些有誤導之嫌，有些則根本是錯誤的——有幾位婦女健康倡議研究員最後也撤回了這些結論。從這一點就可以明白其主張如何令人震驚。在美國國家衛生院高達十億美元的資金支持下，婦女健康倡議研究理應是實證研究的黃金標準，而我們竟敢主張其發現不值得信任？是的，確實如此，我們也希望你讀完本書後，知道原因何在。

在此同時，我們打算打破「雌激素會造成乳癌」這個使人對荷爾蒙補充療法產生疑慮的普遍假設。

阿夫魯姆開始質疑雌激素的相關成見時，發現自己跟過去膽敢質疑乳房根除術的內科醫師落入相同的處境，自從十九世紀末、二十世紀初的

外科醫師威廉‧豪斯泰德（William Halsted）提倡這種手術以來，人們就普遍相信它是有益的。豪斯泰德認為，乳癌一定會從原發部位擴散到整個鄰近區域，乳房根除術有一部分就是根據他的理論而來。發現你的乳房有腫瘤嗎？那麼，你不僅要割除腫瘤，還有整個乳房及所有鄰近部位，如此一來才能「根除」癌症。

豪斯泰德的假設說得頭頭是道，廣獲接納，但結果卻是錯的。從1927年到1981年的五十四年間，共有二十四項研究以四千多名接受乳房腫瘤切除術（僅切除腫瘤），其後通常還接受放射治療的乳癌患者為對象。除了兩項研究的患者之外，其他患者的存活率都與接受各種乳房根除術的患者不相上下，到了三十年後依舊如此。

相關隨機試驗與觀察性研究都持續顯示，乳房保留手術的效果，幾乎跟乳房切除手術差不多。不過，以切除乳房，尤其是切除雙側乳房來治療局部乳癌的比率，自從2006年以來便持續增長，再度顯示了與乳癌有關的恐懼。

在這類病例當中，絕大多數患者都不需要切除乳房，也不建議這麼做，但許多患者就跟寫信給阿夫魯姆的那名女子一樣驚恐地說：「都拿掉吧！兩邊都切掉，這樣就一勞永逸了。」她們寧可面對那種疼痛、不適且冗長的復元期，還有大面積手術造成的身體損傷，也不願為癌症的風險而惶惶不安，儘管大面積手術也無法確保痊癒的機會更高。

就如豪斯泰德誤以為乳癌會從原發部位擴散到鄰近部位，相信雌激素會造成乳癌的觀念似乎也言之成理、眾口鑠金，但其實也是錯的。請在本書更詳細地探討之前，先思考以下的發現：

- 如果雌激素是造成乳癌的重要原因，我們可以預期乳癌發生率會在更年期以後下降，因為此時雌激素會自然減少。但事實是，乳癌發生率反而提高了。

- 如果雌激素真的會致癌，我們就不會期待雌激素對乳癌患者有什麼益處，就像你不會要求肺癌患者每天更大力地吞雲吐霧一樣。但是，高劑量的雌激素能有效治療轉移性乳癌。據發現，在進行荷爾蒙補充療法或雌激素替代療法期間診斷出乳癌的女性，其預後也比未進行這類療法的患者更佳。

- 相信女性畢生累積的雌激素量是乳癌主因的觀念，所根據的是薄弱且多半為偶然的證據。其背後的認知是，初潮（雌激素量開始增加）來得早、更年期（雌激素驟然下降）又來得晚的女性，罹患乳癌的風險較高。但事實並非如此。此外，子宮內膜比乳房敏感，更容易感受到雌激素可能激發腫瘤的任何效應。如果「過多」雌激素是初潮年齡與停經年齡增加乳癌風險的機制，那麼子宮內膜癌的風險也應該與這類情形有關，但事實並非如此。

- 有些正常乳房細胞的細胞膜上具有雌激素的受體分子，許多診斷出雌激素受體陽性乳癌的女性，便是由此以為這表示雌激素多少助長了她們的乳癌。這是可以理解的，但事情並非如此。如果在乳癌細胞的細胞膜上發現了那種受體，通常意味著乳癌生長緩慢，才會摻有這種正常細胞的特性。在大多數乳癌中，雌激素受體陽性的細胞確實不是那類增生的癌細胞。此外，黃體素也有同樣的受體。雌激素受體或黃體素受體存在於乳癌細胞表面，並不代表乳癌是雌激素或黃體素造成的。此外，早期的

乳癌細胞與在乳癌內增生的細胞，通常是雌激素受體陰性、黃體素受體陰性的細胞。

- 女性懷孕期間，其體內的循環雌激素濃度至少會比一生中其他時期高十倍以上。但在懷孕期間診斷出乳癌的女性，其預後和同階段乳癌的未懷孕女性一樣。此外，如果讓近期確診乳癌的女性中止懷孕，以降低其偏高的循環雌激素量，仍無助於改善其乳癌的病程或預後。

　　我們——阿夫魯姆和卡蘿——是多年好友，相識的原因是，阿夫魯姆成功以醫療介入手法，救了卡蘿的妯娌一命，使她不致死於中風藥物引起的罕見血液疾病。我們發現彼此都對數據的走向很有興趣，也都致力於揭穿假科學與流行療法的真面目，阿夫魯姆針對醫學領域，卡蘿則針對心理學領域。荷爾蒙補充療法是專門用來治療女性特有的生命變化，有些研究者對它讚譽有加，有些則連聲譴責，但最後它終於被一項大型美國研究擊敗。荷爾蒙補充療法的故事很有趣，也是完美的案例研究，讓卡蘿能探索健康照護中的性別偏見及研究中的認知偏誤。

　　因此，十多年前的一個下午，卡蘿決定去聽阿夫魯姆在一場醫師進修研討會中的荷爾蒙補充療法演講。此行多半是出自友誼。她並不是荷爾蒙的擁護者，也沒有從這類療法獲得什麼既得利益；她的更年期船過水無痕，毫無症狀。她在1992年的著作《錯估女性》中，有一章是談論荷爾蒙補充療法，當時她的態度是不置可否，既不完全反對，也不積極推崇。那

段時期，她的觀點和許多女性健康行動人士的觀點類似，認為荷爾蒙補充療法（hormone replacement therapy）原文名稱的「replacement」（替代）一詞本身就有問題，它暗示著生命的正常變化並不「正常」，反而自動創造出了種種匱乏與不足。

於是乎，卡蘿專注地看著阿夫魯姆條理分明地揭開層層論點，講述為什麼有人主張荷爾蒙補充療法是乳癌的一大風險因子。他以表格列出乳癌的風險因子 P056 ，底下有一項是雌激素陰道乳膏「普力馬林」（Premarin），但其風險微不足道。當中風險較高的因子包括吃魚、學齡前階段每週多吃一份薯條，還有擔任北歐航空的空服員等，所有這些風險因子的關聯度都薄弱得不可思議，對真實生活毫無意義，而且風險都比普力馬林更高，但竟然全都能在醫學期刊中找到一席之地。

賓果！卡蘿恍然大悟，阿夫魯姆在醫學中所做的事，就跟她在心理學中常做的事一樣：拿出有違既定觀念的證據，直接面對大多數人對這類證據的惱怒反應（他們絕少說「謝謝」，其實根本什麼都不說）。因此，卡蘿並不訝異於阿夫魯姆告訴她，他必須費很大的勁才能說服同事，他們對於荷爾蒙補充療法有危險、「婦女健康倡議」研究可信的想法，可能全是錯的，卡蘿提議與他合寫文章，以昭告醫界同行，不久後，這些文章就分別發表於《癌症期刊》與《更年期學》，文中詳細檢視了婦女健康倡議操縱數據的醜事，而醫學機構對此的反應是……沉默。

因此，本書出版了。累積數十年的證據，終於推翻了乳房根除術的科學合理性，同時也指出，現在該改變醫療專業人士對雌激素的心態了。我們將指出，相信「雌激素會造成乳癌」的頑強觀念，如何使本來頗具聲

望的嚴謹研究者對其數據本身揭露的真相變得盲目。我們也將顯示，由於強烈相信大藥廠收買了所有雌激素的擁護者（有些確實如此），所以許多有良心的女性主義者、科學家、健康行動人士也有盲點，無法嚴肅看待支持雌激素的數據。

因此，在繼續陳述之前，我們想要清楚地聲明，無論是部分或全部，兩位作者都不附屬於惠氏公司（Wyeth，2009年被輝瑞公司〔Pfizer〕收購）或其他任何藥廠。卡蘿是製藥產業的長期公開批評者，阿夫魯姆則從未在其診間見過藥廠代表，更沒接受過任何有關更換處方藥的飯局、撰文或演講邀約、任務、披薩，或是其他賄賂或誘因。2005年，一位代表惠氏的律師曾經聯繫阿夫魯姆，請他擔任一個案子的專家見證人，因為當時他曾撰文質疑荷爾蒙在乳癌發展上的角色，但他從未受雇去捏造意見。

去年，阿夫魯姆收到了一位已經搬到其他城市的前患者所寄來的電子郵件：

親愛的布盧明醫師：

今日我約好要見L醫師，請她幫我續開荷爾蒙藥方。她要我盡快去找另一位醫師，因為她不能也不會提供荷爾蒙補充療法。她說，要開荷爾蒙藥方的話，患者得在六十二歲以下（我超齡得多了）而且要有熱潮紅才行，但我沒有熱潮紅，因為我有在服用荷爾蒙。如果我仍堅持要繼續服用荷爾蒙，她就會拒絕繼續治療我。最後，她只肯開一個月的處方給我，並要我另請其他醫師治療。荷爾蒙藥方給我的幫助很

大，讓我保有生活品質，而不是每天只能坐在沙發或床上，
不想動也不想思考。我該怎麼辦？我該找哪位醫師？我可以
服用什麼藥物來替代？我能到哪裡去找可以支持我並追蹤我
有何需要的醫師？

　　阿夫魯姆一面讀這位患者的信，一面好奇為何信中那位年輕有為的
腫瘤學家會對荷爾蒙補充療法這麼反感，以致看不出二十多年來的荷爾蒙
補充療法為眼前的女患者所帶來的益處？為了回答那個問題，本書思考了
荷爾蒙補充療法對於更年期症狀、心臟病、骨骼健康、整體存活率、癌症
有哪些影響，並提出最終建議。如果要女性選擇是否接受「雌激素替代療
法」或「荷爾蒙補充療法」，就要先讓她熟悉各種益處與風險才行，而這
正是本書所欲提供的資訊。

　　不論是過馬路、吞下阿斯匹靈，還是結婚，人只要有行動，就會有
風險。就雌激素而言，當然也有一些關於其風險的合理憂慮，本書亦將逐
一討論。但我們主張，雖然醫療專業人士關心雌激素對少數女性造成的小
風險，但他們反而忽略了有大量不可忽視的證據指出，**雌激素對大部分女
性具有莫大益處**。

　　女性因為害怕得乳癌而避雌激素唯恐不及，這種恐懼大到讓寫信給
阿夫魯姆的那位受過高等教育的女性宣稱，為了痊癒，就算犧牲「整個軀
幹」，她也在所不惜——儘管她連正式的癌症診斷都還未收到。我們希望
本書能以更深入的理解來取代那種恐懼，使女性能在明理開通的醫師指引
下，根據知識而非沒來由的焦慮與虛驚，做出她們的決策。

1 雌激素並不會增加乳癌風險

我們建議將所有停經女性視為荷爾蒙補充療法的候選者。雌激素療法經證實具有益處，就連晚期乳癌患者也能從中獲益。

本章重點

許多人都有「更年期女性接受荷爾蒙療法會導致乳癌」的錯誤認知，然而事實上，**選擇品質良好的黃體素、雌激素，不只不會增加乳癌風險，反而有可能降低乳癌風險。** P039

造成荷爾蒙療法恐慌、讓大多數人（包括醫師在內）都認為荷爾蒙療法會增加乳癌風險的兩個最大源頭，起源於2002年的「婦女健康倡議」研究 P046 和後一年發表的「百萬女性研究」 P054。

婦女健康倡議指出，荷爾蒙補充療法（同時使用雌激素和黃體素）的更年期女性，乳癌風險較高，但其實這項研究有許多值得質疑的地方。

例如統計標準有問題、後續追蹤也不具統計意義、參與研究的受試者本來就不健康或根本早就過了更年期……。

「百萬女性研究」則是指出，雌激素替代療法（只用雌激素）和荷爾蒙補充療法都有增加乳癌風險的疑慮，但這份報告的問題則在於，它為了得到「荷爾蒙療法會導致乳癌」這個結果，而無所不用其極找證明。

　　但事實上，荷爾蒙療法和乳癌的因果關聯並不成立。 **P068**

- 包含婦女健康倡議在內的幾份研究，它們所提出的「相關性強度並不大」。
- 已發表的報告大多未一致認定荷爾蒙療法與乳癌風險增加相關，光是在1975年至2000年二十五年裡的六十多項研究當中，大約有80％發現風險未增加，近10％發現風險反而降低，近10％發現風險增加或微幅增加。
- 乳癌患者大部分都未曾服用過雌激素，大多數服用荷爾蒙的女性也未曾罹患乳癌。
- 服用雌激素並不總發生在罹癌之前。乳癌風險一般會隨年紀而增加，在雌激素下降的更年期以後提升更多，這樣的情形就連從未服用雌激素的女性也是一樣的。
- 如果雌激素的累積暴露量多寡是造成乳癌的風險因子，那麼「護士健康研究」與「百萬女性研究」中風險增加的情形，都是出現在目前的荷爾蒙使用者身上，而非過去已使用過荷爾蒙的女性身上，這一點就很值得質疑。
- 荷爾蒙療法經研究證實，就連晚期乳癌患者都能從中獲益。

- 乳癌發生率在婦女健康倡議發表研究前三年就開始下降了，並不是因為該研究導致大家不敢使用荷爾蒙療法才造成的。
- 在瑞典和挪威，女性因為荷爾蒙療法恐慌而停止接受荷爾蒙療法的比率跟美國一樣多，但這兩個國家的乳癌發生率並未下降。
- 乳癌通常要多年後才能在臨床上被檢測出，所以乳癌發生率的下降不太可能是因為一、二年前停止接受荷爾蒙療法有關。

　　除了婦女健康倡議、百萬女性研究本身的問題，其實也有更多後續研究不斷證實荷爾蒙療法並不會增加乳癌風險，但如今大眾和許多醫師仍然相信這樣的論點，這是很可惜的，因為荷爾蒙療法的益處良多，而且通常勝過風險，甚至能延長女性的壽命。因此，我們不應該因為「過時的偏見和恐懼」而一面倒的否定荷爾蒙療法，相反的，荷爾蒙療法應該是專業醫療評估下的一個很值得考慮的選項，從而讓女性不再為更年期及其併發症所苦。

「會。」

「不會。」

　　相關揣測與爭議圍繞著「會與不會」的問題已有一百多年，而光是這一點，就提供了答案的線索。

　　諾貝爾物理獎得主李察・費曼（Richard Feynman）曾提出一個測試科學真理的好方法：「如果某件事是真的，千真萬確，那麼，當你持續觀察並加強觀察的效力時，那其效應該會更鮮明、更突出。」如果你持

續觀察，卻僅獲得含糊不清、前後不一致的答案，那麼你的方法就有問題，更可能的情形是，你的假設根本是錯的。

僅由單一的突出洞見或實驗發現而達成科學進展的情形，實在少之又少。科學進展通常是由許多小步驟與結論累積而成，其中多數指向同一個大方向，使某個概念可經由檢測，在確證或否定中演化。不幸的是，並非所有科學家都能像費曼那樣，在追求其發現時保持理智，不感情用事。對他而言，錯也好，對也好，都能增長人的見識。但許多科學家都寧可自己是對的，這幾乎是人之常情。我們將在本章看見，有些人樂意扭曲實驗發現，以削足適履地套進他們的理論。

人們努力理解與治療乳癌已經有很長的一段歷史了。早在1800年晚期，幾位內科醫師就指出，卵巢的一項產物（很可能是雌激素）與乳癌的發展和進程之間可能有因果關係。

1882年，湯瑪斯・威廉・努恩（Thomas William Nunn）報告了一位停經期乳癌患者的病史，她的病症在停經六個月後消退了。

1889年，埃伯特・申辛格（Albert Schinzinger）觀察到，乳癌攻擊年長女性的力道，似乎沒有攻擊年輕女性那麼強，因此他提議切除停經前乳癌患者的兩側卵巢，這樣能使她們較早進入更年期，進而使乳癌消退。然而，申辛格從未動過這類手術，因為他無法說服同事相信這麼做具有潛在益處。

六年後的1895年，喬治・湯瑪斯・畢森（George Thomas Beatson）切除了一位女性的兩側卵巢，因為她的乳癌範圍大且一再復發。在手術之後，那名患者的腫瘤竟然完全消退了，而且多活了四年。

一年後的1896年，英國外科醫師史坦利·波伊德（Stanley Boyd）也切除了一位轉移性乳癌患者的兩側卵巢，她在手術後存活了十二年。後來，波伊德寫道：「我的工作假設是，在某些病例中，卵巢的內分泌會助長癌症生長。」

事情就這樣持續了近半個世紀。

荷爾蒙療法的興起

1942年，研究者開發出從懷孕母馬的尿液中萃取大量雌激素的方法，埃約斯特實驗室（Ayerst Laboratories）製造了最早的雌激素藥片，他們將之命名為「普力馬林」（其英文名premarin意指來自懷孕母馬的尿液）。埃約斯特在1950年代讓普力馬林上市，以用來治療更年期症狀。

紐約婦科醫師羅伯·威爾遜（Robert Wilson）執筆的暢銷書《青春永駐》在1960年代出版後，又大力促進了以雌激素治療更年期症狀的做法。該書承諾，使用雌激素可以使更年期女性放心地擁有青春、美麗與完整的性生活。

威爾遜的兒子羅納德（Ronald）日後告訴《紐約時報》記者吉娜·科拉塔（Gina Kolata），其實他父親寫那本書的費用全是埃約斯特實驗室贊助的，該實驗室還資助威爾遜建立「威爾遜研究基金會」。

1970年代，雌激素的幸福承諾因一項發現而退燒：據發現，所有服用雌激素使「青春永駐」的女性，罹患子宮內膜癌的機率增加了四到八倍，而在當時子宮內膜癌通常是可治癒的。

隨後的研究又指出，加入另一種女性荷爾蒙「黃體素」，不僅能抵銷僅使用雌激素相關的子宮癌提升風險，更能預防子宮內膜癌；接受黃體素合併雌激素的女性，罹患子宮內膜癌的機率，比未接受任何荷爾蒙治療的女性更低。

　　這便是為什麼自1980年代早期以來，曾切除子宮並在其後接受荷爾蒙治療的女性僅服用雌激素（雌激素替代療法），而未切除子宮並接受荷爾蒙療法的女性則服用雌激素加黃體素（荷爾蒙補充療法）。為了改善藥物吸收率而開發的各類合成黃體素，統稱為「黃體製劑」。

並沒有荷爾蒙造成乳癌的疑慮

　　今日，內科醫師、女性健康行動人士與一般民眾的主要關注重點，不再是子宮癌，而是乳癌，以及荷爾蒙造成乳癌的可能角色。然而，整個1980年代和1990年代，都沒有什麼證據能證實那種疑慮，反而是更多發現擊出了令人放心的鼓聲：

- 1986年，流行病學家露意絲・布琳頓（Louise Brinton）在國家癌症研究所主持的一項研究發現，服用普力馬林的女性，罹患乳癌的風險並未顯著增加，即使是服用二十年以上的女性也是如此。 沒有增加乳癌風險

- 1988年，布魯斯・阿姆斯壯（Bruce Armstrong）在西澳大學流行病學與預防醫學研究小組，綜合二十二項研究的統合分析，也未發現雌激素替代療法與乳癌之間的統計關聯性。 沒有增加乳癌風險

- 1991年，流行病學家茱莉·帕瑪（Julie Palmer）在波士頓大學醫學院主持的研究發現，即使女性使用普力馬林長達十五年，罹患乳癌的風險也未因此增加。▸沒有增加乳癌風險

- 1991年，生物統計學家威廉·杜邦（William Dupont）與大衛·L·佩吉（David L. Page）在范德堡大學醫學院進行的一項分析，並未發現雌激素替代療法與乳癌有任何關聯。▸沒有增加乳癌風險

- 1992年，這個主題的第一項隨機雙盲對照試驗，公開發表結果。二十二年前，婦產科醫師暨醫學研究者莉拉·奈提戈爾（Lila Nachtigall）與其紐約大學朗格尼醫學中心同僚，隨機針對168名持續住進精神療養院的停經女性，提供荷爾蒙補充療法或安慰劑。二十多年後，服用安慰劑的女性中，有11.5%罹患乳癌，但接受荷爾蒙補充療法的女性則無人罹患乳癌。▸沒有增加乳癌風險

- 由於因良性乳房疾病接受活體組織檢查的女性，罹患乳癌的機率稍高，因此，一群范德堡大學研究員追蹤了在1958年到1960年間，3303名乳房活體組織檢查結果為良性的女性。追蹤時間的中位數為十七年。在這項發表於1989年的研究當中，那些於活體組織檢查後接受雌激素治療的女性，其日後罹患乳癌的風險並沒有增加，就連有乳癌家族史的女性也不例外。▸沒有增加乳癌風險

　　當然，這段期間還是有幾份牴觸上述結論的研究，這是醫學界的常態，但截至2000年，各大期刊、研究機構、首席腫瘤學家們一致認定，雌激素不會增加乳癌風險。1987年的發展共識大會提出以下結論：「定義

良好的雌激素替代療法流行病學研究顯示，整體而言，雌激素替代療法並不會增加停經女性的乳癌風險。」這項結論後來發表於《英國醫學期刊》。 ◀ 雌激素替代療法不會增加乳癌風險

在1993年發表於《新英格蘭醫學期刊》的一篇評論中，哈佛醫學院麻省總醫院的內分泌學家凱薩琳・馬丁（Kathryn Martin）與梅森・弗里曼（Mason Freeman）指出：「根據現有的證據，我們建議將所有停經女性視為荷爾蒙補充療法的候選者，並且應該教導她們認識其風險與益處。」 ◀ 可考慮荷爾蒙補充療法

依據1995年華盛頓大學流行病學家珍納・史丹芙（Janet Stanford）的一項研究：「使用雌激素合併黃體製劑的荷爾蒙補充療法，似乎與乳癌風險的增加無關……別的不說，相較於未使用荷爾蒙的更年期族群，接受雌激素合併黃體製劑的荷爾蒙補充療法八年以上者，罹患乳癌的風險較低。」 ◀ 接受荷爾蒙補充療法者乳癌風險較低

1995年，一篇發表於《新英格蘭醫學期刊》的文章，報告了從1976年到1992年追蹤12萬1700名登記職業為護士之女性的「護士健康研究」（Nurses' Health Study）第一波結果。在任何階段接受荷爾蒙補充療法的女性，即使是接受荷爾蒙補充療法十多年者，其乳癌風險也不會比從未接受荷爾蒙補充療法的女性更高。 ◀ 荷爾蒙補充療法並未增加乳癌風險

1996年，唐・威利斯（Dawn Willis）在美國癌症協會贊助下主持的前瞻性研究發現，在42萬2373名受試女性中，曾接受雌激素替代療法者死於乳癌的風險小幅但顯著降低了。 ◀ 接受雌激素替代療法者死於乳癌風險較低

1997年，前新英格蘭醫學中心暨塔夫茨大學醫學院研究員娜南達・

寇爾（Nananda Col）在一篇文章下結論說：「我們的分析顯示，荷爾蒙補充療法能延長大多數剛停經的女性之壽命，有些女性的壽命能延長三年以上。」 ◄ 荷爾蒙補充療法能延長停經女性壽命

1997年的時候，明尼蘇達大學莫菲特癌症中心流行病學家湯瑪斯‧賽勒斯（Thomas Sellers），檢視了4萬1837名且年齡在五十四歲至六十九歲之間的愛荷華州女性居民的隨機樣本，以判定荷爾蒙補充療法與提升有乳癌家族史之女性的乳癌風險是否有關。研究結果顯示：兩者並無關聯。

◄ 荷爾蒙補充療法不會增加有乳癌家族史之女性的乳癌風險

2006年，東京國立癌症研究中心醫院生物統計學家竹內正弘，研究9000名日本女性後發現，接受荷爾蒙補充療法的女性罹患乳癌的機率比從未接受荷爾蒙補充療法的女性低。 ◄ 接受荷爾蒙補充療法之女性的乳癌風險較低

2006年，「婦女健康倡議」研究（後文將細談這個計畫 P046 ）報告，接受雌激素替代療法的停經女性，罹患乳癌的風險並未增加，追蹤七年後的結果依舊如此。 ◄ 雌激素替代療法沒有增加乳癌風險

2005年，流行病學家提摩西‧雷貝克（Timothy Rebbeck）及其賓州大學醫學院同僚發表了一份令人震驚、與其預期相反的發現。他們研究了462名有乳腺癌基因一號（BRCA1）與乳腺癌基因二號（BRCA2）變異的停經前與停經後女性，因為這兩種基因變異會增加罹患卵巢癌與乳癌的風險。對於有乳腺癌基因變異的女性，醫師通常會建議她們切除雙側卵巢，因為據信這麼做能大幅降低其罹患卵巢癌的風險，並使其日後罹患乳癌的風險減半。但如果像腫瘤學家相信的，切除卵巢後雌激素降低，是使其乳癌風險下降的原因，那麼提供替代雌激素給這些女性以緩解更年期症狀，

就說不通了；照理說，風險會大幅增加才對，但事實並非如此。研究者將具有乳腺癌基因變異，且在切除卵巢後接受荷爾蒙補充療法或雌激素替代療法數年的女性，與從未接受過任何荷爾蒙治療的女性進行比較，結果發現前者的乳癌風險並未增加。◀ 並未增加乳腺癌基因變異之女性的乳癌風險

加拿大多倫多市新寧區立癌症中心的醫學腫瘤學家安德莉亞‧埃森（Andrea Eisen），針對472名具有乳腺癌基因一號變異的停經女性進行研究，其中半數接受荷爾蒙治療，半數沒有。她的結論是：「在有乳腺癌一號基因變異的停經女性中，使用雌激素平均四年左右，與乳癌風險的提升並無關聯；反而是在這群受試者中，風險顯著降低了。」（粗體為本書作者所加。）2016年的一份跨中心試驗報告中重現了這項結果，提出這份報告的是多倫多大學公共衛生學院乳癌與卵巢癌研究員喬安‧科索波洛絲（Joanne Kotsopoulos）；同樣的，具有乳腺癌基因一號變異的女性在接受了平均四‧三年的荷爾蒙補充療法治療後，其乳癌風險並未增加。

◀ 使用雌激素並未增加有乳腺癌基因變異之女性的乳癌風險

反對者其實引用了有問題的報告

讀到這裡，或許你會心生疑問：「究竟為什麼有人認為，雌激素會增加罹患乳癌的風險？」

我們正等著你提出這個問題！

那些認為荷爾蒙十分危險的人，通常會引用兩份報告來加強他們的論點。

有問題的報告 1 // 樣本數少到不具統計意義

其中一份發表於1989年的《新英格蘭醫學期刊》，由瑞典烏普薩拉大學醫院外科系的勒夫·伯格威斯特（Leif Bergkvist）與漢斯－奧洛夫·亞達米（Hans-Olov Adami）引領一群傑出的研究員提出。報告中的駭人結果是：接受荷爾蒙補充療法的女性，罹患乳癌的風險增加了440%。至今仍有人引用這篇文章，來證明荷爾蒙補充療法具有危險性。

我們就來看看這項研究吧。

研究員分析了烏普薩拉地區所有接受雌激素替代療法或荷爾蒙補充療法之女性（逾2萬3000人）的處方箋。他們沒有逐一檢視所有女性的病歷，因為那太耗時費力了，所以他們從那個大樣本中選出子群，每30人左右選取1人，最後找出638名女性，請她們填寫兩份問卷。他們發現，僅服用雌激素的女性，其乳癌風險並未增加。依作者評估，在樣本數縮小至638名的服用雌激素加黃體製劑的不特定患者中，應該會發現2.2名乳癌患者，結果乳癌患者反而有10名之多，這代表風險增加了440%。由於樣本數少，那個數字可能是統計上的偶然，事實上，研究者也承認他們的結果不具統計意義。我們再重複一遍：**不具統計意義！**

然而，因為這是《新英格蘭醫學期刊》的開頭文章，所以許多醫師對那440%的數字大做文章，四處宣揚文中說的「風險提升」，彷彿頗具深意。在第一篇文章發表後不久，同一群作者又發表了另一篇文章，這次，他們反而指出，那些確診乳癌時正在服用雌激素的患者，其預後比未服用雌激素的乳癌患者更好。

在隨同第一篇《新英格蘭醫學期刊》文章刊出的評論中，生物醫學科學家暨聖地牙哥加州大學家庭醫學系與公共衛生學系教授伊莉莎白‧貝芮－康娜（Elizabeth Barrett-Connor）寫道：「對人生中會有三分之一時間處於停經階段的一般北美女性而言，雌激素的好處似乎無可辯駁。依我之見，這個數據的結論還不夠有力，不足以讓我們要馬上改變使用荷爾蒙補充療法的方式。」哈佛醫學院的「健康通訊」也評論了那份瑞典研究，其結論是2.2與10之間的差異太小，無法提供穩定的統計結果，更別提能一舉推翻早先大部分「讓我們沒理由懷疑雌激素替代療法與乳癌有什麼強力關聯」的研究。

有問題的報告 2 // 平均連增加1個病例都不到

那些認為荷爾蒙補充療法不安全的人，引用的第二項大研究發表於1997年的《刺胳針》。這項「合作再分析」（Collaborative Reanalysis）綜觀了二十一個國家共五十一份流行病學研究，涵蓋5萬2705名乳癌女性患者、10萬8411名無乳癌女性。由於這項研究規模龐大，而且號稱有二十位以上的合作研究者（多半是癌症研究領域中頗有來頭的人物），所以迄今仍經常被引用來當成荷爾蒙與乳癌的決定性調查。

在該研究的分析與書寫委員會中之流行病學家理查‧多爾（Richard Doll）、理查‧佩托（Richard Peto）、瓦萊麗‧貝拉爾（Valerie Beral）領導下，這群研究者指出，無論女性過去接受荷爾蒙補充療法的時間多長，都沒有乳癌增加的情況。

那麼，他們有因此表示「太好了！」並就此罷手了嗎？沒有，他們重新分析龐大數據，看能否從任何子群中找出與荷爾蒙補充療法有關的乳癌提升風險。他們採訪當時接受荷爾蒙補充療法已五年以上且尚仍在進行的女性，從她們身上找到了答案。你知道增加幅度有多小？即使是在這份人工建構的樣本裡，每100名服用雌激素十年以上的女性中，乳癌發生率也僅微幅增加0.6名，連1個病例都不到——這是2002年以前的情況。

有問題的報告 3 // 帶來荷爾蒙療法恐慌的研究

2002年7月，美國國家衛生院的新聞稿一發布，立刻就擄獲了世界各地每位醫療記者的目光：「由於侵襲性乳癌的風險提升，美國國家衛生院國立心肺與血液研究所提早中止了『婦女健康倡議』研究，這項大型臨床試驗的目的是研究雌激素合併黃體製劑對健康更年期女性有何風險與益處。」新聞稿發布後，《美國醫學會期刊》在美國國家衛生院正式發表文章前，就先刊出了〈荷爾蒙療法研究因乳癌風險增加而中止〉一文。該期刊也表示，該研究中止不僅是因為乳癌風險增加，「冠心病、中風、肺栓塞」的風險也提升了。

這些新聞稿激發了排山倒海的強烈頭條：英國廣播公司宣布「荷爾蒙補充療法與乳癌有關」；《紐約時報》寫著「荷爾蒙補充療法研究震驚醫療體系」，並引述婦產科醫師、北美更年期學會執行董事沃夫·尤提安（Wulf Utian）的說法：「這是我在更年期領域三十多年來遇過最令人震驚的衝擊。」

確實如此。「婦女健康倡議」是最大型的前瞻性研究，讓受試者隨機接受荷爾蒙或安慰劑，再定時追蹤其效應。這種方法被公認為科學研究的黃金標準，因為如果僅比較選擇服用雌激素與選擇不服用雌激素的女性有何異同（早期的許多研究便是如此），就無法判定究竟是雌激素讓女性變得健康，還是較健康的女性會選擇服用雌激素了。[1]婦女健康倡議斥資近十億美元，其研究員皆是美國各地首屈一指的內科醫師、統計學家、流行病學家；他們的發現刊載於最富威望的醫學期刊上。難怪上述消息會造成數百萬名服用荷爾蒙的女性恐慌，也難怪開荷爾蒙補充療法處方的比率在短時間內就滑落了七成。

恐慌之後，迎來的是困惑不解，《新聞週刊》一篇長文的標題總結了這種情況：「女人該如何是好？」有更年期症狀的女性該不該因為恐懼乳癌、心臟病、中風，而短期或長期拒絕荷爾蒙補充療法的好處呢？婦女健康倡議的主張，能保證她們的憂慮不是空穴來風嗎？

我們從關於乳癌的主張談起吧。

疑點1》放低了統計標準的研究

「婦女健康倡議」研究報告中，那些隨機接受雌激素的女性，罹患乳癌的風險並未增加。那些仍保有子宮並接受雌激素加黃體製劑的女性，

---

① 儘管如此，比較「觀察性研究」與「隨機對照試驗」之結果的醫學文獻評論發現，兩種方法的結果往往相近。我們會在第三、八章進一步討論這個重要議題。

罹患乳癌的風險則比隨機接受安慰劑的女性小幅提升（1.26）。「1.26」這個數字表示風險增加了26%，但很少人注意到的是這句話：「荷爾蒙補充療法組的乳癌發生率，比安慰劑組增加了26%，這個幅度幾乎達到了名義上的統計意義。」

然而，「幾乎」代表了它「並不具有」統計意義，表示那可能是假相關（科學家武斷地決定，一項研究的結果純屬偶然的機率，應小於二十分之一，才具有統計意義）。當然，任何增加的可能都應經過合理考量，並進一步檢驗。不過，許多記者與醫師認為，這26%的風險增加，不僅具有統計意義，也具有醫學意義。

「婦女健康倡議」臨床協調中心研究共同主持人暨生物統計學家加奈特・安德遜（Garnet Anderson）聲稱，這項研究顯示「服用雌激素加黃體製劑的那組女性，其乳癌罹患率顯著增加了」。

顯著？

但這項發現其實不具有統計意義，即使有，也意味著荷爾蒙補充療法增加乳癌風險的幅度是：從每100人中有5人增加到6人（請記住，在接受荷爾蒙補充療法期間確診乳癌的女性，其預後比未接受荷爾蒙補充療法但確診乳癌的女性更佳）。

在婦女健康倡議的新聞稿中，安德遜為她的統計決策辯護：「由於乳癌是十分嚴重的事件，因此我們放低了統計標準，以加強監督。我們事先就認定，罹癌率的變化不需要到很大才要中止試驗。只要一出現風險增加的清楚指標，試驗就會中止。」換句話說：只要擠得出來，我們就會把統計標準降低到連不具意義的結果，也納入監測。

疑點2》後續追蹤更是不具統計意義

「婦女健康倡議」研究員繼續追蹤參與原始研究的受試者，更新受試者是保持健康還是生病的數據集。一年後的2003年，他們報告在隨機接受荷爾蒙補充療法與隨機接受安慰劑的受試者之間，乳癌發生率的小差距變得更小了，奇怪的是，如今幾乎不具有統計意義了。不過，他們仍宣稱其2002年的報告「證實了使用雌激素合併黃體製劑會增加侵襲性乳癌的風險」。

2006年，「婦女健康倡議」再次更新了同一群女性的數據報告。他們發現，在隨機接受雌激素加黃體製劑的女性身上，乳癌的風險並未增加。之前斷定風險增加的主張——值得中止研究的主張——已消失無蹤，但這項消息並未登上頭條。2007年，科學作家塔拉·帕克－波普（Tara Parker-Pope）在其著作《荷爾蒙決策》中指出，婦女健康倡議「似乎換了個標準，以前對荷爾蒙不吝提出壞消息，現在則吝於提出好消息」。

「婦女健康倡議」繼續在接下來的十二年散播恐懼。他們在2008年指出，曾接受荷爾蒙補充療法的女性，即使已停止接受荷爾蒙補充療法多年，其全因死亡率（編註：所有死因的死亡率）仍「比安慰劑組稍高」，儘管這次的死亡率差距，仍未達到具有統計意義的程度。他們談到，這種不具意義的死亡率提升「來自各種與事前指定的試驗結果無關的癌症……最突出的是肺癌」。

什麼？乳癌的死亡率沒有增加，而突然之間我們改談起肺癌了（別擔心，後來他們打消了疑慮）？

2010年，「婦女健康倡議」的作者群又發表了另一篇文章，文中宣

稱接受荷爾蒙補充療法的女性死於乳癌的人數，比安慰劑組更高（每年每1萬名女性中，有2.6人死於乳癌，安慰劑組則為1.3人），但這個差距仍然不具統計意義。

疑點3》大部分受試者本來就不健康或是早過就了更年期

　　「婦女健康倡議」被公認是更年期與更年期後女性真正的代言人，其研究員也反覆聲明，所有女性受試者在研究一開始時皆是健康的，但以上兩項聲明皆不屬實。其中有35%的女性超重不少，34%的女性肥胖；近36%的女性正在治療高血壓；近半數現在或過去曾吸菸。此外，參與者的年齡中位數是六十三歲，早已過了更年期開始的時間。因此，我們沒有可靠理由能相信，從這份研究結果歸納出的結論，能套用在所有停經女性身上，儘管那正是這份隨機對照研究理應達到的目標。

　　近年來，醫學研究者愈來愈敢對「婦女健康倡議」的研究方法、發現和結論，直接提出批判性的重新評估。

　　一個突出的例子是2014年，任職於開普敦大學醫學院公共衛生與家庭醫學系的山繆・夏皮洛（Samuel Shapiro）及其同僚，主持了一項深入的統計分析，得到的結論是：「婦女健康倡議對其研究發現的過度詮釋與錯誤詮釋，對更年期女性的安康造成了重大的損害。婦女健康倡議並不是『女性及其健康的勝利』，他們聲稱其『發現並不支持使用這種療法來預防慢性疾病』的說法，是站不住腳的。『婦女健康倡議推翻了更年期荷爾蒙療法的相關醫學教條』這類帶貶意的評論聲明，也同樣無道理可言。」

疑點4》不符合科學程序的新聞稿發布流程

　　然而，對「婦女健康倡議」最嚴重的控訴才正要出現，那是由其研究主持人之一提出的。2017年3月，內華達大學臨床與轉譯醫學研究中心副主任羅伯·蘭格（Robert Langer）發表了內幕觀點。他寫說：「婦女健康倡議試驗在2002年7月提早中止時，其內部瀰漫著一股相當不尋常的氛圍。最有能力對遭批判性誤解的數據提出糾正的研究員，卻被其書寫與傳播活動強力排除了。」被強力排除了！他說，最初結果的報告是由婦女健康倡議計畫辦公室的一個小組撰寫，他們將報告投給醫學期刊時，並未告知研究主持人。他描述了研究主持人與美國國家衛生院計畫成員開會的情形：

　　　　數據安全監測委員會宣布建議中止雌激素—黃體製劑試驗，會長也接受了他們的建議，讓研究小組目瞪口呆。過了一會兒，研究小組讀到《美國醫學會期刊》即將刊印的主要結果報告的排版打樣時，也感到震驚——**這是大多數研究主持人第一次看到這篇文章**（粗體為本書作者所加）。會議中斷了片刻，以讓我們讀完它。有些人當場愣住，有人質疑用這種方式代表整個研究小組並不妥當。更重要的是，文中的語氣、進行和發表分析的方式、對結果的詮釋等，在在引起疑慮。

　　提出抗議的研究員獲准在中午前迅速編輯文稿，以更正其「語氣與

詮釋」，再以急件送至期刊辦公室。但是來不及了——信差回來告訴他們，那一期已經印好堆在倉庫裡，準備要寄出了。

簡言之，這段過程違反了關鍵的科學成規：統計準確度、共同作者評論，以及應先正式發表於專業期刊，之後才發布新聞稿與其他公關資料等等。

疑點5》另有目的的研究目標

「婦女健康倡議」的一位研究主持人、心臟病學家雅克·羅斯素（Jacques Rossouw）告訴帕克－波普，婦女健康倡議「召開記者會時，有意造成『高度衝擊』」，因為他們不希望婦女健康倡議的新聞「被每日川流不息的新聞事件刷掉」，尤其他們的目標是「震撼醫學機構，改變關於荷爾蒙的思維」。

這番話洩露了一些真相。與其以中立研究檢視荷爾蒙對更年期與更年期後女性有哪些益處與風險，或是假意宣稱他們滿心期待荷爾蒙很安全，有些研究主持人從一開始就設下了目標：要「改變關於荷爾蒙的思維」，顯示荷爾蒙是有害的。在「婦女健康倡議」展開計畫後，尚未發表任何發現的六年前，羅斯素就發表過文章，對雌激素的普遍使用表示遺憾。他寫道：「（支持雌激素替代療法的）這群得勢者顯然賺了大把鈔票。只要讀過報章雜誌、看過電視、與他們的同事談過，就會知道了，而這個陣營似乎像雪球般愈滾愈大。他們向停經女性鼓吹荷爾蒙補充療法的假定好處，只有偶爾才稍微提到可能有不良效應。」羅斯素談論道，該「遏止這個陣營」了。婦女健康倡議也確實展開了行動。

如果研究發現確實有深遠的醫學意義，「婦女健康倡議」與《美國醫學會期刊》迴避科學成規還有道理可言，但事實並非如此。研究員反而是根據可能有嚴重問題的數據與結論，來合力激起美國內外的恐慌。為什麼要這麼做？就跟羅斯素一樣，他們顯然覺得親荷爾蒙補充療法陣營已經危險地失控了。

2002年，就在婦女健康倡議發表第一份造成媒體一陣嘩然的報告後，其中一位研究主持人出席了阿夫魯姆在其醫院開設的醫師進修課程。由於他提出的證據在統計上僅具有邊緣意義或不具意義，所以聽眾中的部分醫師不為所動，問答期間的對話記錄如下：

醫師：關於你聲稱「女性接受荷爾蒙補充療法後罹患乳癌的風險會增加」的主張，我不是腫瘤學家，所以以下的問題可能很愚蠢。我的印象是，如果信賴區間（測量研究發現強度高低的方法）包含數字1，那就不特別具有意義。

婦女健康倡議研究員：對，對，你知道的沒錯。但你知道事實是什麼嗎？事實是，如果茲事體大，而這個研究規模也不小……且耗資驚人，我們無法重來一遍，那這就是我們所能得出的最好數據了，（字句不清）必須請統計警察手下留情。這就是我們的答案。

該研究員的言下之意是：我們不會再進行一遍這類研究。我們知道荷爾蒙補充療法是有害的，會造成乳癌，我們就是知道。就算該療法不會

造成癌症，也一定會造成其他疾病。因此，如果我們得出的答案含糊不清或不具意義，就請統計警察手下留情了。

有問題的報告 4 // 為了找證明而找證明

在「婦女健康倡議」炸翻醫學界一年後，另一個增添女性憂慮的大型計畫也登上頭條。發表於《刺胳針》的英國「百萬女性研究」（The Million Women Study）指出，女性接受雌激素替代療法或荷爾蒙補充療法，會增加罹患乳癌的風險。

然而，這種風險的提升，僅發生在目前正服用荷爾蒙的女性身上，過去曾服用雌激素或雌激素合併黃體製劑的女性，其乳癌發生率則沒有增加，無論她們服用多久。

心中生起「咦？」這種疑問的讀者，你並不孤單。**如果雌激素是造成乳癌的一大風險因子，為什麼服用多年的人沒有出現問題，只有在研究期間服用荷爾蒙的人才會出現風險？**

如同其他許多想辨認疾病肇因的計畫，「婦女健康倡議」與「百萬女性研究」計畫犯了兩個統計上的錯誤。一個與報告風險的方式有關；另一個與又稱「數據探勘」（data mining）的統計操縱手法有關。請繼續讀完後文，因為這份資料能改善你的人生，甚至能拯救你的性命。

疑點1》微乎其微的關聯性被誇大了

請先思考「絕對風險」與「相對風險」的差異。媒體傾向於跟隨許

多研究員，報導相對風險，而這類風險是以百分比表達，看起來會比實際上重要。例如，你得知每天吃貝果當早餐的女性，其罹患乳癌的相對風險增加了300%，聽起來很嚴重，但事實上，這個數據不具意義，因為你得先知道不吃貝果的新乳癌患者的絕對數字基準是什麼。如果在不吃貝果的女性中，新患者的機率是每1萬人中有1人，而吃貝果的女性中，新患者的機率是每1萬人中有3人，那就是增加了300%，但這很可能是隨機的結果，所以你不必擔心，好好享用貝果吧！然而，如果風險是「從不吃貝果的1萬名女性中有100人罹癌，而吃貝果的1萬名女性中有300人罹癌」，這同樣是增加了300%，但擔心就是合理的，你應該減少吃貝果的數量。

在通常涵蓋幾萬名受試者的流行病學研究中，要為微小的關聯找出統計成規上的意義，是很容易的，但從實際角度來看，這類關聯所代表的意義微乎其微，因為絕對數字很低。這就是為什麼提倡統計素養的科學家要強調，在進行兩個組別的比較時，得知絕對數字基準是不可或缺的；要協助大眾和醫師了解，疾病與治療的風險是真實還是被誇大時，這一點尤其重要。

在本書中，我們也會提出一些顯示風險增減的結果，但只要可能，就會致力以絕對數字呈現，以確保它們反映出有意義而非瑣碎的發現。因此，如果一份研究指出（相對）風險下降了33%，卻僅代表了從3人減少至2人，那麼本書就不會引用。

前面會提到「只要可能」，是因為遺憾的是，有時該篇文章呈現數字的方式，讓我們無法從中得知研究的絕對數字。

許多針對荷爾蒙補充療法及疾病（尤其是乳癌）風險的研究，得出

的統計結果並不突出，或僅具邊緣意義，但因為研究者僅提出相對風險，所以看起來比實際上更值得注意。2003年，「婦女健康倡議」聲稱荷爾蒙補充療法會增加女性24%的罹患乳癌風險；2002年則聲稱是26%。那個百分比是否確實值得登上頭條呢？下表列出的相對風險增減的項目，不僅與雌激素替代療法和荷爾蒙補充療法有關，還與其他許多因素有關，例如壓力造成風險下降、嚼檳榔造成風險增加等。你可以一眼就看出這類關聯何其薄弱，可能根本毫無意義可言。持平來看，最後一條才表現出了真正重要而有意義的關聯：抽菸與肺癌之間的關聯。

研究報告中與乳癌有關的風險因子

風險因子	相對風險*
攝取膳食纖維	0.31
體重從二十一歲以後顯著增加	0.52
1週食用7～10次大蒜與洋蔥	0.52
高壓	0.60
葡萄柚	0.60
魚油	0.68
初經來潮時體型偏大	0.69
結合型馬雌激素（普力馬林）	0.77
阿斯匹靈	0.80
1天飲用5杯以上的咖啡	0.80
十二歲時體重較平均重	0.85

風險因子	相對風險*
低收入	0.85
食用魚	1.14
出生時身長大於50.8公分	1.17
使用降血壓藥物五年以上	1.18
服用綜合維他命	1.19
夜裡暴露於光線中	1.22
普力馬林／黃體製劑（婦女健康倡議，2003年）	1.24
普力馬林／黃體製劑（婦女健康倡議，2002年）	1.26
酒精	1.26
薯條（學齡前每週多1包）	1.27
成年期遭受肉體虐待	1.28
葡萄柚（再次出現）	1.30
心臟病藥物地高辛（Digoxin，目前正在服用者）	1.39
夜班工作	1.51
懷孕時體重增加十五公斤以上	1.61
空服員（芬蘭）	1.87
患者出生時父親至少四十歲（停經前乳癌）	1.90
曾遇到荷蘭1944年至1945年的大饑荒（當時二至九歲）	2.01
胎盤重量	2.05

風險因子	相對風險[*]
服用抗生素一千零一天以上	2.07
醣類攝取量增加	2.22
服用鈣離子通道阻斷劑十年以上	2.40
左撇子（停經前）	2.41
空服員（冰島）	4.10
嚼檳榔	4.78
使用電毯	4.90

[*]相對風險1，表示不影響風險高低；小於1，表示與風險下降有關；大於1，表示與風險提升有關。

真正有意義的統計關聯是這個：

風險因子	相對風險[*]
抽菸與肺癌	26.07

疑點2》為想要的結果而回頭硬挖出關聯性

另一種錯誤詮釋研究發現的方式是「回溯數據分層」（retrospective substratification），通稱「數據探勘」，是一種讓研究界大搖其頭的方式。數據探勘是發生在研究員假設可能的風險因子與疾病之間存在顯著的統計關聯，卻找不出來時，他們就會回顧數據，上天下地搜尋可能顯示有

統計關聯的其他因子。這種努力也許能為日後的研究帶來有趣的問題或假設，但問題是，在涵蓋數千人的數據集中，有些回溯挖出的關聯雖然具有統計意義，卻無實質意義。在《風險之書》中，經濟學家彼得・伯恩斯坦（Peter Bernstein）這麼說：「只要把數據翻來覆去得夠久，你想要什麼證明，數字自然能帶來什麼證明。」

進行數據探勘可以產生似是而非的結果，一個現今很著名的例子是1988年一篇《刺胳針》的投稿文章。

文中報告，因急性心臟病發作而住院的男性，若每日服用阿斯匹靈，其存活率會比情況相同但未服用阿斯匹靈的男性更高。這顯然是個重要的發現，編輯群同意接納這篇文章，但有一個條件：作者群必須依據各種不同因子，包括這些男性的年齡、體重、種族等，為研究中的1萬7187名男性進行回溯數據分層。

如果能知道年老、超重、義大利血統、瑜伽師、擁有1968年款的紅色雪佛蘭卡瑪洛跑車，或其他人口統計學因子會不會影響服用阿斯匹靈（或任何其他藥物）的好處，豈不妙哉？但作者群正當地拒絕了這類重新分析，理由是這並非良好的科學做法，若要分出小類別來剖析其益處或風險，最好另外進行一份前瞻性研究。但編輯群堅持非這樣做不可，要是作者群不做數據分層，就不刊登文章。

於是作者群交上了文章的最終修訂版，加上一些新發現，並提出這一點：阿斯匹靈對其他星座的效果出奇有益，但相較之下，它對雙子座和天秤座患者的死亡率則略有負面效應。編輯群同意，只要把關於星座的結果刪除，他們就刊出這篇文章。「你們想要回溯數據分層，就給你們

回溯數據分層啊。」作者群說（類似的話），並要求期刊信守諾言。這篇具重大意義的文章就這麼刊出了，文中說明了阿斯匹靈對雙子座與天秤座男性的「心肌梗塞死亡率」有何效應，但顯然無意嚴肅分析這個次類別。一位科學家對該研究的評論標題是：「臨床試驗的次類別分析：來看看多有趣，但可別相信！」他寫道：「大多數醫師（但非全部！）看到這些結果當然會笑出來。不過，如果他們分析的次類別不是這麼可笑的話，人們可能就會相信，同時忘記占星術這個例子的教訓了，尤其是如果能用他們偏好的理論來辯護結果的話。」

這個例子顯現出了立意良善（且有其偏好理論）的研究者，如何陷入數據探勘中而不可自拔。我們在「百萬女性研究」中也看見這種情形，但就連前文提到的那個深受敬重的「護士健康研究」，也犯了同樣的錯誤。護士健康研究追蹤12萬1700名登記為護士的女性數十年，並指出女性無論在哪個時候使用荷爾蒙補充療法、無論使用此療法多久（即使十年以上也不例外），都不會增加其乳癌風險。但至此，研究員還不滿意，他們又進行數據分層，將患者分成兩組：第一組是服用荷爾蒙五年以上且目前仍在服用者，第二組是曾服用荷爾蒙但如今已停止服用者。這次他們發現了乳癌風險的提升，但僅發生在接受五年以上的雌激素替代療法或荷爾蒙補充療法，且目前仍在接受治療的女性身上。

請思考這個結論有多不合理。如果就如許多反荷爾蒙補充療法的人所相信的，畢生接觸雌激素與乳癌風險的提升有關（雌激素愈多，風險就愈高），那麼服用荷爾蒙五年的那組女性，罹患乳癌的風險怎麼反而比服用了荷爾蒙十年以上的女性高？如果你正暴露在某個經證實的癌症肇因

（如菸草或石棉）中，但暴露的時間相對不長，那麼會比你目前雖然沒有但過去多年皆暴露在其中所帶來的風險更高嗎？你相信嗎？我們也很難相信。這就是數據探勘做出的好事。

也請思考一下國家癌症研究所在2000年發表於《美國醫學會期刊》的研究，他們追蹤2082名乳癌女性後，發現雌激素替代療法與乳癌復發風險的提升沒有特別關係；另外，與荷爾蒙補充療法相關的風險提升情形，則僅出現在診斷出乳癌之前的四年內服用荷爾蒙且體重低於四〇・八公斤的女性身上。這就是數據探勘帶來的結果。

前述表格將使用電毯 P058 也列為增加乳癌風險的因子，那又是什麼情形？那項發現僅對使用電毯十年以上的非裔美國女性有意義，而且每年使用電毯六個月以上的人還被排除了！這也是數據探勘的結果。

有些研究者相信荷爾蒙補充療法的相對風險嚴重到必須予以關注，但他們也承認其絕對風險很低，因為提升的女性罹癌風險還不到2%。此外，就算荷爾蒙補充療法會稍微提升這麼一丁點罹患乳癌的風險，另一份研究卻顯示，接受荷爾蒙補充療法的女性，會比未接受此療法的女性更長壽，罹患乳癌的死亡率也較低。如果荷爾蒙會增加罹患乳癌的風險，怎麼可能又會提升乳癌患者的存活率？

雌激素和乳癌之間並沒有因果關係

醫學界就和法律界一樣，很難在合理懷疑之外去證明事物的因果關係。子彈穿過某個健康人類的腦袋或心臟後不久，那個人過世了，這通常

能為其死因提供必要且充分的解釋。但許多疾病與死亡的因果並不是這麼直截了當，通常是推斷的結果，而且必須經過試驗來確證或是反駁。

統計相關性並不等於因果關係

想一想人們為了找出結核病肇因而付出的努力。過去由於結核病病例大多集中在大型都會區，醫師原本相信是生活在擁擠、嘈雜空間中的壓力所造成的，因此，在歐美各地，結核病療養院的設立是為了將患者移出其假定會帶來壓力的環境。在這些安寧祥和的療養院中，患者甚至會住進陰暗的病房，並拉上窗簾，以進一步減輕壓力。湯瑪斯‧曼（Thomas Mann）在小說《魔山》中描述的就是這種環境。

1872年，羅伯‧柯霍（Robert Koch）明確地指出結核病是由結核桿菌造成的，此後療養院才逐一關閉，改以抗生素來治療病根。為了證明結核桿菌扮演的角色，柯霍提出了四項假設，成為日後研究其他人類疾病病因的樣板。柯霍的假設（為了證明微生物A確實是疾病B的肇因所採取的必要步驟）如下：

- 必須在罹患同種疾病的所有人身上都發現那種微生物。
- 必須從病體中將那種微生物孤立出來，進行純培養。
- 培養微生物並導入健康有機體後，應造成該疾病發生。
- 必須再次從培養微生物的病體中，將微生物孤立出來，以顯示其與本來的病原體相同。

這一串證據的因果鏈，如今在醫學界已確立為判定因果關係的樣板。其中一個著名例子是幽門螺旋桿菌。在那個時代，人們以為胃炎與消化性潰瘍是由壓力（當時普遍認為壓力是多種疾病的元凶）、壓抑的怒氣或辛辣食物導致的。1980年代早期，澳洲病理學家羅賓・沃倫（Robin Warren）與澳洲醫師巴里・馬歇爾（Barry Marshall）終於成功從胃部培養出幽門桿菌（其實是意外；他們在週末前無意間留下了培養皿，使其培養細菌長達五天）。他們由此撰文主張幽門桿菌是胃炎與潰瘍的元凶，可以將憤怒和泰國菜拋諸腦後了，但人們一開始很抗拒，疑心重重，不過幾年後，其他研究者也陸續證實了細菌與胃炎及潰瘍之間的關聯。

然後，為了證明幽門桿菌確實是病因，那種關聯並非巧合，馬歇爾決定為了科學獻身。他喝下滿滿一杯幽門桿菌培養液，不出幾天，他因反胃與嘔吐病倒。其後的試驗證實，是幽門桿菌的存在引起了他的胃炎症狀。接著，馬歇爾與沃倫又證明，抗生素是治療諸多胃炎與潰瘍的有效療方。他們的工作為其贏得了諾貝爾獎的肯定。

因果鏈的關係很強烈，但也最容易推翻，只要否定一項證據，就能推翻整個假設——這就是柯霍的四大假設何以最適用於微生物領域的原因。然而，你在流行病學領域無法套用這類假設，因為正如科學作家蓋瑞・陶布斯（Gary Taubes）所說的，流行病學是健康與疾病的因果關係引起最多爭議的領域。流行病學家往往得從數量龐大的不同族群中，辨認出模式與相關性，他們的結論取決於從中出現的任何統計關聯。但統計學家與大學教師總是不吝告誡學生與門外漢：**相關性（correlation）並不代表因果關係（causation）**。某兩件事可能具有統計上的相關性，但事實上

毫無關聯。在某些歐洲村莊築巢的鸛鳥，據說與那些村莊的嬰兒出生數有關，但（就我們所知）鸛鳥不會帶來嬰兒，嬰兒也不會吸引鸛鳥飛來。原因不過是在，人類出生率在一年中的某些時候比較高，而那些高峰剛好與鸛鳥的築巢期重疊罷了。

鸛鳥與嬰兒是「錯覺相關」（illusory correlation）的例子，即兩件事之間的顯著關聯，其實僅是一場巧合。但錯覺相關可能導致產生危險的信仰，造成社會傷害。

聲稱自閉症與接種兒童疾病疫苗有關的主張，曾經嚇壞了不少家長，但一項接一項的研究，始終沒有發現兩者有任何關聯。在一項以丹麥所有出生於1991年至1998年間的兒童（逾50萬名）為對象的重要研究中，接種疫苗的兒童罹患自閉症的機率略低於未接種疫苗的兒童。接種疫苗與自閉症之間的顯著關聯，幾乎是與巧合、錯覺相關，因為兒童自閉症最早確診的時候，往往就是在兒童開始接種一連串疫苗的時期。

由於錯覺相關和統計可能性的問題，在數千人的樣本中，總是會碰巧出現一些相關性，所以判定病因的流行病學證據，無法像柯霍的假設那般具有科學強度。流行病學研究交相構成了如馬賽克般破碎的種種發現，而非相連的因果鏈。同時，這不同於可被一條薄弱環節打破的因果鏈，挖掉一片馬賽克或許能削弱其整體圖像，但仍無法摧毀它。相互衝突的發現僅能使一項假設為正確的可能性產生傾斜。

在了解流行病學研究創造出的馬賽克圖像後，我們就可以看出為什麼有那麼多醫學假設在被駁斥後仍苟延殘喘，又為什麼有那麼多健康與醫學研究彼此牴觸，讓大眾惱怒不已。我到底應不應該注射維生素B_{12}？咖

啡到底有沒有害？以前你們說人造奶油比生奶油健康，現在卻說生奶油比較好。到底哪種說法才對？[2]

只有在很罕見的情況下，相關性證據才會強到足以支持因果關係。1775年，英國外科醫師波希瓦‧帕特（Percivall Pott），察覺到自己診所裡的陰囊癌病例大幅增加，而且幾乎全是年輕的掃煙囪工人。當兩個罕見事件強力相交，其間的關聯便暗示著因果關係。而由於掃煙囪與陰囊癌都不常見，兩者的相交特別突出，所以能讓帕特放心得出「掃煙囪會增加陰囊癌風險」的推論。派特的推論最後獲得科學證實，於是成為第一位證明癌症可能是由環境致癌物引發的科學家。不過，這種罕見事件的有力連結是特例。

那麼，我們要如何面對乳癌這類更複雜病症的相關發現所形成的馬賽克圖像？

利用「希爾因果關係標準」看雌激素和乳癌

1940年代，首開先河地進行隨機臨床試驗的英國生物統計學家奧斯汀‧布拉弗德‧希爾（Austin Bradford Hill），提供了一個答案。他認為，不同於微生物學，要在流行病學領域判定病例的因果關係，就要像偵探查案一樣，從各種合理證據中抽絲剝繭，而非以決定性的單一實驗來建

---

② 注射維生素B$_{12}$，只有在你嚴重缺乏B$_{12}$時才需要。咖啡沒有壞處。生奶油比人造奶油好。

立原因。1965年，他提出以九種「視角」（日後稱為「希爾準則」）來協助科學家判定某個病原與特定疾病之間是否具有因果關係。我們來看看與本書故事最有關的其中八條準則。[3]

1. **強度**：證據必須很強，也就是說，要具有統計意義，不能瑣碎。

2. **一致性**：在不同研究與族群中的證據必須一致。

3. **特異性**：一項風險因子或肇因產生特定結果時，有助於增強其假設。在流行病學中，要達到這種特定性往往不容易，因為疾病的傳播與發生通常是多種因素交織下的結果，不過，缺乏特定性能支持「A並非B之肇因」的推論。

4. **時間關係**：一定是先暴露於風險因子中，然後才有結果。

5. **劑量反應關係**：希爾將此稱為「生物梯度」（biological gradient），意指風險因子劑量或暴露的增加，應會導致疾病發生率的提升，相反的，暴露於風險因子中的情形減少或消除時，疾病發生率理應下降。

6. **合理性**：證據與其背後的理論必須合理，符合時下對疾病－致病過程的公認觀念。例如，鞋號與吹笛能力之間的偶然相關性，便缺乏合理性。

7. **連貫性**：因子A與疾病B之間的關聯，應合乎現存知識。當然，新理論與其支持數據，有可能推翻正統假設並造成典範轉移。但如果一項假設

———

③我們省略第九條「從類比判斷」，因為這是最含糊也最受爭議的準則。例如近年一本參考書指出的：「無論從類比中可得出什麼洞見，都會因為科學家能天馬行空地信手提出類比，而打了折扣。」

或觀念（例如，世界是在六千年前創造、長頸鹿可以飄在空中等）要犧牲考古學、物理學、生物學、人類學等所知的一切，那麼該理論就可能無法成立。

8.**實驗**：疾病可藉由特定的實驗來預防或改良。

　　最後，我們想加上的第九條準則是：**要考量另類解釋**，這是科學方法的基本要素。在下結論說「A造成B」或「A會增加B」的風險之前，科學家必須先考慮造成B的其他可能解釋並予以排除。

　　抽菸與肺癌之間的關係，就是顯示由證據組成該幅馬賽克圖像的絕佳例子。兩者的因果關係符合每一條希爾準則：

1.**強度**：數據顯示，吸菸者罹患肺癌的風險，比非吸菸者增加了1000%到3000%。

2.**一致性**：大多數甚至所有研究都證實，吸菸與肺癌之間具有強力關聯。

3.**特異性**：在所有肺癌患者中，有85%在現在或過去是吸菸者。雖然有些肺癌患者不是吸菸者，卻暴露在二手菸下，二手菸也是可能致病的風險因子。

4.**時間關係**：吸菸的行為發生在罹病之前（少數因基因傾向或暴露於其他致癌物中的非吸菸患者除外）。

5.**劑量反應關係**：菸吸得愈多愈久，罹患肺癌的風險就愈大。

6.**合理性**：經證明，香菸會造成實驗室動物肺部的癌前期變化。在吸菸者的肺部也可見到類似的變化，後來罹患肺癌者也是如此。

7. **連貫性**：吸菸與肺癌的關聯，符合現存的生理學研究及理論。

8. **實驗**：肺癌發生率會隨著吸菸率與暴露於二手菸中的機率降低而下降。相反的，隨著女性吸菸率提升，其肺癌發生率也升高了。

9. **另類解釋**：肺癌的其他風險因子已經被排除，或是被理解為僅適用於少數病例。

雌激素並非乳癌真正的風險因子

　　現在來討論荷爾蒙與乳癌的關係，尤其是雌激素與乳癌的關係。如果使用希爾的框架來看，雌激素與乳癌的關聯是否也成立？

1. **強度**：「婦女健康倡議」與其他研究者提出的相關性大多不強，也不具傳統標準下的統計意義。◀ 不支持此關聯

2. **一致性**：已發表的報告大多未一致認定雌激素替代療法與乳癌風險的提升有關，反而缺乏一致性。1975年至2000年，有四十五項已發表的研究檢視乳癌與雌激素替代療法的關係，其中，有82%並未發現風險增加；13%發現風險微幅增加；5%發現風險減少；在同樣的二十五年裡所發表的二十項荷爾蒙補充療法研究中，80%並未發現風險增加，10%發現風險增加，另外10%發現風險減少。◀ 不支持此關聯

3. **特異性**：乳癌患者絕大多數從未服用過雌激素，大多數服用荷爾蒙的女性則從未罹患乳癌。◀ 不支持此關聯

4. **時間關係**：服用雌激素並不總是發生在罹癌之前，這種順序甚至不常

見。乳癌風險會隨著年齡增加，在雌激素下降的更年期以後提升得更多，就連從未服用雌激素的女性也不例外。◀不支持此關聯▶

5. **劑量反應關係**：在陸續出爐的研究中，並未發現接受雌激素替代療法或荷爾蒙補充療法五年、十年或十五年的女性，罹患乳癌的風險皆有所提升。如果雌激素的累積暴露是造成乳癌的風險因子，那麼為何「護士健康研究」與「百萬女性研究」會發現，風險增加的情形都是出現在目前而非過去的荷爾蒙使用者身上？有些研究者主張，乳癌風險的提升與「初潮早來、停經期晚來」有關，因為那名女性一生中暴露在雌激素中的時間偏長，但她們的風險並未增加。

有四個獨立研究檢視了初經發生於十二歲至十七歲間的女性罹患乳癌的風險，並拿來與初經發生於十一歲或更早之前的女性比較。其中兩項研究並未發現風險有什麼差異，在另外兩項研究中，僅有初經出現於十七歲以上的女性，其罹患乳癌的風險會大幅降低；但她們和初經出現在十一歲以前的女性一樣，在族群中都僅代表很小的邊緣比例。至於任何其他年齡的比較，在四份研究中都未呈現重大差異。◀不支持此關聯▶

6. **合理性**：對主張雌激素會導致乳癌的人而言，最不利的證據莫過於這一點：**雌激素療法經證實具有益處，就連晚期乳癌患者也能從中獲益。** 舉例來說，1944年，倫敦大學癌症研究院院長亞歷山大・哈道爵士（Sir Alexander Haddow）報告，在晚期乳癌患者中，有25%接受高劑量的雌激素治療後，病況改善了，後來的其他研究也得出同樣或更佳的結果。腫瘤學家布魯諾・馬西達（Bruno Massidda）及其在義大利卡利亞里大學的團隊指出，50%的晚期乳癌患者在接受雌激素治療後，其病情緩和

了下來；蕾希瑪·瑪塔妮（Reshma Mahtani）與博卡拉頓綜合癌症中心的同僚，也得出同樣的結論。

加布里埃爾·N·霍托巴伊（Gabriel N. Hortobagyi）與德州大學安德森癌症中心的同僚也報告，因應轉移性乳癌最有效的療法，是以雌激素合併黃體製劑治療。詹姆斯·英格（James Ingle）與梅奧診所的同僚證實，以己烯雌酚（diethylstilbestrol，縮寫為DES，一種雌激素形式）治療乳癌患者，其存活率比使用泰莫西芬（tamoxifen，編註：一種荷爾蒙抑制劑）者更高。珀爾·埃斯坦·隆寧（Per Eystein Lonning）與挪威豪克蘭大學醫院的同僚，也得出同樣的結果。癌症先驅研究者V·克雷格·喬丹（V. Craig Jordan）及其研究團隊證實，高劑量與低劑量的雌激素，皆能使癌變的乳房腫瘤縮小。◀️不支持此關聯

7. **連貫性**：在知識的馬賽克法中，我們加入愈多馬賽克片，應該愈能使整體圖像變清楚。證實吸菸與肺癌的關聯性時正是如此，而證實雌激素與乳癌的關聯性時，這種情形卻未發生。◀️不支持此關聯

8. **實驗**：1999年，乳癌發生率開始下降。婦女健康倡議研究員邀功說，這都多虧了他們在2002年警告荷爾蒙補充療法是乳癌肇因，服用荷爾蒙的女性才因而驟降，使乳癌無從發生。然而，他們的主張有幾個基本失誤。首先，乳癌率在婦女健康倡議發表任何研究的三年前就開始下降了。其次，在瑞典與挪威，女性停止接受荷爾蒙補充療法的比率與美國女性不相上下，但乳癌發生率卻未進一步下降。第三，由於乳癌通常要多年後才能在臨床上檢測出來，所以乳癌發生率的下降怎麼會與一年前停止接受荷爾蒙補充療法有關？婦女健康倡議作者群的回答是，那是因

為女性停止服用雌激素後，就去除了已存在但尚未檢測出來（亞臨床）的刺激乳癌生長的因子。然而，如果真是如此，發生率的下降應僅發生在小型、早期、非侵襲性的乳癌上，但事實上卻非如此，反而是侵襲性乳癌的發生率下降。◀ 不支持此關聯

9. **另類解釋**：當研究員無法確證其假設存在的風險因子A與疾病B之關聯時，就應考量其他解釋，探索其他風險因子。但在雌激素與乳癌的研究中，我們一再看到研究者無法接受其自身證據有多微小、薄弱、相互牴觸或不存在。他們並未考慮另類解釋，反而往往訴諸數據探勘（回溯數據分層）試圖從數據中找出支持其信念的線索，以為一定有顯著關聯存在。◀ 未排除，不支持此關聯

奧斯汀・布拉弗德・希爾在1965年的文章結論中寫道：「所有科學工作都不完整，觀察工作或實驗工作皆然。所有科學工作都很容易被先進的知識推翻或修正。但那不能使我們任意忽視既有知識，或遲遲不肯在某個既定時刻採取似乎有必要的行動。」

關 鍵 要 點

打破雌激素會造成乳癌的迷思

對於顯示吸菸與肺癌有關的數據，菸草業以「懷疑」這個強大武器來抵抗。一份起草但未公開發表的1969年菸草業報告，清楚說明了他們的策略：「懷疑是我們的產品，因為那是抗拒事實的最佳方式。」但是，反菸人士也有自己的利器，那是很本能的東西：恐懼——恐懼「癌症」這種最駭人的疾病。也許是因為懷疑所激起的關注或情緒，不像恐懼那麼多，今日將荷爾蒙補充療法連上乳癌的報告，是以恐懼而非懷疑來鞏固論點。但對荷爾蒙補充療法的恐懼是不合情理的，畢竟肺癌患者為吸菸者的比例有85%左右，而目前肺癌的治癒率只有15%左右。相較之下，曾接受荷爾蒙補充療法的乳癌患者比例為11%至24%，而剛確診乳癌的患者在2018年的治癒率高達90%。2016年，研究者估計，局部乳癌（剛確診的病例大多是這種形式）的五年存活率高達99%。

國家癌症研究所生物統計學家羅伯‧胡佛（Robert Hoover）曾告訴同事：「過去的科學方法教我們要提出假設，然後盡一切力量摧毀它，如果做不到，才開始接納它。我們多少都偏離了那種方法，我們現在是成立假設，然後盡其所能地找證據來支持它。」那不是我們在科學領域應當做的事。亨利‧詹姆士（Henry James）機智地承認：「凡事我皆無最終定論。」雖然我們同意他的說法，但確實認為，將雌激素替代療法與荷爾蒙補充療法會造成乳癌的「普遍知識」，連同乳房根除術是原發性乳癌的最佳療法、憤怒造成消化性潰瘍、壓力導致結核病等種種理論，全部扔進不當觀念的垃圾桶的時候到了。

2 荷爾蒙療法照護更年期不適

進行荷爾蒙補充療法是反女性主義，還是親女性主義？荷爾蒙補充療法是否把本來可用心理治療或換新工作來善加治療的問題，變成一個醫學問題了？採用默默承受並撐過去的方式比較健康，還是試著以荷爾蒙來治療比較健康？

本章重點

　　二十世紀時，醫學界開始將更年期描述成是一種「缺乏症」、「卵巢衰竭」，能以荷爾蒙療法加以治療。後來，紐約婦科醫師羅伯·威爾遜的著作《青春永註》承諾，雌激素能使更年期女性放心地擁有青春、美麗與完整的性生活，他甚至宣稱女性沒有雌激素就無法「成為完整的女性」，使得荷爾蒙療法大勢進入診間、藥房和股票市場。後來，雌激素的開藥方針從贊成變成了反對，這除了受到第一章提到的「婦女健康倡議」 P046 和「百萬婦女研究」 P054 等研究之負面影響（但這兩大研究都有瑕玼），導致大眾和醫界普遍認為荷爾蒙療法會導致乳癌。另一大反對聲浪來自女性主義者。

由於當時醫師的自以為是、有性別歧視且重男輕女，所以在那幾十年間經歷更年期的女性，對荷爾蒙療法療效的疑慮，除了擔心導致乳癌，也有對性別歧視和年齡歧視的抗拒。於是，女性主義大聲呼籲女性要反抗「更年期醫療化」，拒絕將更年期視為「缺乏症」，也反對像威爾遜醫師那樣視更年期後的女性「在肉體和形象上就徹底完蛋」的觀點，女性主義者主張更年期就如同女性的初經，是人生正常的一部分，只需要透過運動、攝取鈣質、良好的營養、修正生活型態等來調適更年期的不適 `P080`，但是，其實許多臨床經驗都發現，這些方法的效益有待商榷。`P094`

　　後來，即使是「婦女健康倡議」也無法否認（它曾經試圖否認），**雌激素是治療更年期症狀最有效的方法。** `P088` 雌激素能有效改善熱潮紅、夜間盜汗、關節與肌肉疼痛、陰道乾澀、失眠、憂鬱……等更年期症狀，提升女性的生活品質。此外要注意的是，某些醫師的妥協方案──「最短時間，最小劑量」的雌激素使用法──對有些女性來說是不夠的，甚至可能有害，所以不應該有「只要短期治療就能治癒」的觀念。

　　也許有人會說，很多女性根本沒有更年期症狀，但事實上，沒有更年期症狀的女性是少數人。更年期症狀往往在完全停經前幾年就會出現，停經後還會維持數年，但是卻少有女性向醫師提起，除了因為不好意思，另一個更常見的情況是──她們**沒想到自己遇到的問題與更年期有關。** `P075`

　　除了熱潮紅、夜間盜汗等明確的症狀，其他更年期症狀如心悸

你會去看心臟科；肌肉或關節痛你會去看風濕科；失眠你會去掛睡眠障礙門診；憂鬱你會尋求心理諮商或精神科；腰圍變粗你會去看減重門診……畢竟這些症狀本來就有很多不同的原因，我們很難聯想到它們可能與更年期有關。

雖然我們不該把女性的日常生活問題當成醫療問題看待，但是，我們也不能對其醫療層面視而不見，以免忽略了有生理根源的健康問題，又損及女性個人的最佳福祉。

歐普拉‧溫芙蕾（Oprah Winfrey）在四十六歲時發作過數次嚴重的心悸。她看了至少五位心臟科醫師，每位都保證她的心臟沒問題，但沒有一個人說得出是什麼原因造成心悸。她很沮喪，正如她對眾多粉絲提出的觀察，應該沒有醫師想錯失正確診斷她的機會，因為她可是知名人物歐普拉‧溫芙蕾！

她的經期照常到來，她也持續被心悸弄得心神不寧，直到她的健身教練指出，這可能是早期更年期的徵兆。

「什麼？」溫芙蕾心想，「更年期，我才四十六歲耶？」但她讀到了克莉斯汀‧諾普瑟博士（Dr. Christiane Northrup）的暢銷書《更年期的智慧》，書中便將心悸列為更年期的常見症狀。

意料之內和意料之外的更年期症狀

心悸確實會引起女性注意，但其他更年期症狀則通常不引人矚目，

例如眼睛與嘴巴嚴重乾澀，這會發生在許多經期仍正常的女性身上；還有關節與肌肉的隱約作痛和劇痛。更年期的相關症狀除了人們熟知的那些之外，還包括其他令人驚訝的症狀：

- 熱潮紅
- 夜間盜汗
- 睡眠困難
- 失眠
- 注意力不集中
- 近期記憶力衰退
- 膀胱／排尿不適
- 泌尿道頻繁感染
- 陰道乾澀
- 陰道分泌物異常
- 陰道出血
- 失去性慾
- 性交疼痛
- 儲備能量降低
- 憂鬱／悲傷
- 緊繃／緊張
- 情緒波動大
- 頭痛
- 腹脹
- 手腳腫脹
- 乳房脹痛
- 關節痛
- 髮量變少
- 心悸（心跳快）
- 用力時胸痛
- 腰圍增加

最後一項當然讓廣大女性哀怨不已，因為她們得面對「要接受腰圍變粗並換成大號衣服，還是要向生物力量宣戰，除了蛋白質以外什麼也不吃，而且一天運動三次」的難題。

人們開「中年發福」的玩笑，而且都將之歸因於怠惰、速食、糖吃

太多等等，但就女性而言，更年期也是一個主因。阿夫魯姆的一名患者嘟囔道：「我的體重從來都沒有改變，但脂肪細胞卻似乎重整了陣容，集結到我的腹部了。」

更年期症狀往往從完全停經的幾年前便開始出現（即更年期前期，又稱圍停經期〔perimenopause〕），停經後還可能持續數年，但女性大多不會向醫師提到這件事，更別說詳細說明了。有時這是因為她們覺得羞恥或不好意思，但更常見的情況是——**她們沒想到那個問題與更年期有關**。許多女性會去看心臟科治療心悸，看風濕科治療肌肉與關節痛，掛睡眠障礙門診治療失眠，為了治療憂鬱則尋求心理治療或看精神科。

一位來找我們的五十歲女性說：「我長年失眠，以前都歸因於工作壓力和孩子，但我開始進行荷爾蒙補充療法後，四年來第一次在夜裡能睡得安穩了。工作壓力仍然不輕，孩子也還沒長大，但我睡得著了。」卡蘿的一個朋友說，她在五十多歲進入更年期時，沒有受到朋友們提及的那些症狀煩惱，她沒有熱潮紅、不會失眠、頭也不痛，所以沒有考慮服用荷爾蒙。她說：「然後，有一天晚上，我夢到自己很快樂，真的很快樂，但醒來後，我發覺自己已經很久沒那麼開心了。當時我不知道憂鬱也是更年期症狀。我打電話給醫師，馬上開始進行荷爾蒙補充療法，現在又重拾那個開心的自己了。我接受荷爾蒙補充療法很多年，但『婦女健康倡議』發表報告後，我在醫師的建議下終止療法。我現在還是對自己退出治療的事感到忿恨不已。」

一位心理治療師寫信給我們，她的觀察呼應了阿夫魯姆碰到的多名女性的委屈與憂慮：

每天看診時，我都會碰到沒有服用並體驗過雌激素之好處的女性，不論她們沒有服用是因為醫師不建議，還是因為自己恐懼並聽信了假消息。我看著她們深陷憂鬱，有廣泛性焦慮症，與配偶的性愛和情緒連結中斷，最後婚姻失和、家庭關係破裂。當然，更年期的雌激素消耗，並不是造成上述問題的唯一原因，但我敢肯定，那是這些女性（及其家庭）更年期後驟然失去生活品質的一大主因。

　　噢，此言不假。陸賽靜（Sandra Tsing Loh）在《富豪車中的瘋婦》一書中，搞笑地描述了更年期如何引發她的中年危機，「雌激素被奪走」造成了她的種種慘狀，其中多數很有趣（至少回想起來是如此，尤其作者是專業幽默作家）。她會停下車，為孩子的倉鼠死去而啜泣，「像吞下約拿的鯨魚般，淚水如泉湧而出」，「我是在一個週二下午把髒兮兮的富豪車停在樹下，坐在車裡為一隻倉鼠哭泣的四十九歲女性。到底我們的哭點還能降到多低？」（「雖然那是一隻性情陽光的可愛倉鼠。」她接著說）。

　　她的好友安聽了她的故事後，靜靜地向她指出可能是更年期的緣故。不過，安為了因應憂鬱與暴怒而採用的養生法——「抗憂鬱症藥、生物同質性藥物、散步、作臉、按摩、黑巧克力、把鹽灑到肩膀後什麼的，全部都來」——卻幫不上作者。最後，她在手腕上局部塗抹的雌激素霜拯救了她，讓她恢復了理智。

　　儘管個人體驗很有啟發性，但仍不能當成科學證據；其中一個理由

是，人對造成其生理與情緒問題的原因為何，往往做不出正確的判斷。例如，五十歲以後，不論男女通常會發福。很多對體重超級警覺的女性，只要找到可怪罪的元凶，就會大加撻伐；但至少，沒有服用荷爾蒙的人可以將荷爾蒙補充療法排除在原因之外。

帕克－波普在《荷爾蒙決策》中寫道：「女性普遍相信，在更年期服用荷爾蒙會造成體重增加，甚至連一些醫師也這麼相信，但科學數據根本不支持這種看法。」在一項進行長達一年的大型研究中，研究員將「服用荷爾蒙的更年期女性」與「服用安慰劑的更年期女性」進行比較，結果發現，大多數女性都增加了一些體重，但荷爾蒙組增加的體重少於安慰劑組。在「婦女健康倡議」研究中，荷爾蒙補充療法組女性體重變輕的人數比例，也大於安慰劑組。■服用荷爾蒙並不會造成體重增加

同樣的，憂鬱、焦慮、婚姻不幸福、性問題等的發生也有多種不同原因，包括生理原因、心理原因、一言難盡的生活難題等，但在出現於更年期的各種的症狀底下，雌激素下降是一個尚待認可的原因。我們將檢視證據，顯示雌激素仍是這類症狀最有效的療法，也將評估號稱沒有可疑風險但與雌激素一樣有效的生物同質性產品或另類療法。

但首先，我們想承認，雌激素這個議題之所以備受爭議，是有其歷史、文化、政治背景的。

女性主義的反雌激素立場

雌激素療法在其長遠的歷史中，如果不是被視為解決每位女性困擾

的萬靈丹，就是被當成一種危險、甚至帶來災難的藥物；如果不是和善的傑奇博士（Dr. Jekyll），就是惡魔般的海德先生（Mr. Hyde）；如果不是解決之道，就是問題之源。

伊莉莎白‧西格爾‧華金絲（Elizabeth Siegel Watkins，以下簡稱伊莉莎白‧華金絲）在《雌激素仙丹》中，精彩地追溯了美國使用荷爾蒙補充療法的歷史，她在書中寫道，「雌激素的故事交錯著數條線：對科技解決廣泛健康與社會問題的盲目信念、對老化的社會與文化汙名化、對陰柔和女性身分的意義與詮釋的轉變、二十世紀醫學界的傲慢造成的陷阱等。」如果女性想做出關於荷爾蒙補充療法的決策，就要奮力解開這團亂麻。

進行荷爾蒙補充療法是反女性主義還是親女性主義？為什麼英文中使用「替代」這個詞來描述更年期使用荷爾蒙，被認為是不好的字眼，但描述甲狀腺割除後使用「替代甲狀腺素」時，卻不是壞字眼（且停經後，雌激素會下降到停經前的1%左右，「替代」一詞似乎正能描述那種情況）？荷爾蒙補充療法是否把本來可用心理治療或換新工作來善加治療的問題，變成一個醫學問題了？採用默默承受並撐過去的方式比較健康，還是試著以荷爾蒙來治療比較健康？

更年期和荷爾蒙療法背後有性別歧視和年齡歧視嗎？

1970年代，現代女性主義運動誕生後，見證了女性主義者在雌激素議題上的大分裂。那個年代一開始，就以《我們的身體，我們的自我》鬧

哄哄地展開，這本書出版後，旋即在1971年當之無愧地廣受歡迎；書中敦促女性認識自己的身體、健康、情慾，掌握自身的醫療保健情形。

1977年出版的兩本暢銷書，則奠定了女性主義的反雌激素立場，分別是「紐約激進女性主義組織」成員羅賽塔・瑞茲（Rosetta Reitz）的《更年期：正面觀點》，以及芭芭拉與吉迪安・希曼夫婦（Barbara and Gideon Seaman）的《性荷爾蒙中的女性與危機》。伊莉莎白・華金絲寫道：「這兩本書反映出反抗醫學專業組織與製藥業的當代批判姿態，以及那個時代對所謂自然保健法的著迷。」這類直至今日仍獲推崇的自然方法是：運動、攝取鈣質、「良好的營養」（依當年的定義），對瑞茲（在書中談個人私事可能多過談整個女性族群）而言，還有定期做愛與健康的關係。

這兩本轟動的暢銷書，將任何一種荷爾蒙療法都視為不必要或是有害的，但它們的最大長處，在於大聲呼籲女性要反抗醫療機構的家長作風、拒絕使用將更年期看成「缺乏症」的侮辱性語言、推翻時下認為「女人一旦過了更年期，在肉體和形象上就徹底完蛋」的性別歧視觀念。

不過，正是因為女性主義的成功，讓更多女性進入了科學界、研究界、醫學界。就在瑞茲與希曼夫婦出版著作的同一年，紐約大學婦產科專家莉拉・奈提戈在長達二十二年的研究進行到一半時，發表了《莉拉・奈提戈報告》，書中敦促女性透過教育為自己賦力，並提供關於更年期與雌激素療效的全面資料。

奈提戈在1956年進入醫學院，是當時班上的四名女學生之一，此後便時時為女性發言。但華金絲觀察到，女性主義在1970年代風起雲湧時，

「《莉拉‧奈提戈報告》沒有立足之地。那本書是由提倡使用某種藥物的醫師執筆，而當時這種藥正在科學家與女性主義者的交相撻伐下，陷入名聲的谷底，因而顯得不合時宜。」

九年後的1986年，奈提戈又出版了《雌激素：改變人生的事實》。當時的環境已經改變了，相關研究反覆證實了雌激素的好處，能預防骨質疏鬆（奈提戈的專長領域）、提升心臟的健康。當然，那是在「婦女健康倡議」研究再度扭轉局勢之前的事。

現今仍有許多女性主義者與行動人士繼續反對荷爾蒙補充療法，而這除了有健康考量，還有社會與政治原因。「婦女健康倡議」於2002年發布新聞稿後，「全美女性健康網路」執行董事辛西亞‧皮爾森（Cynthia Pearson）就告訴《紐約時報》的記者吉娜‧科拉塔，她很高興婦女健康倡議證實了她反對荷爾蒙補充療法是有道理的。她告訴科拉塔，擁護荷爾蒙補充療法是「帶有性別與年齡歧視的，其隱含的訊息是，女性應該保持健康，維持性活力，少惹丈夫討厭」。

這其中真的包含性別與年齡歧視嗎？在促進有關雌激素不足症狀之治療的大會上，奈提戈指出：「在1年平均2000名的停經女性中，有20人會罹患心臟病，11人罹患骨質疏鬆，6人罹患乳癌，3人罹患子宮內膜癌，但罹患萎縮性陰道炎者幾乎是百分之百。萎縮性陰道炎不是更年期的第一個徵兆，而是在更年期開始後逐漸產生的。雖然它不會威脅生命，但若是不予以治療，會隨著女性年齡漸長而惡化。」萎縮性陰道炎的相關症狀包括：陰道癢、尿道灼熱、頻尿、性交疼痛等，女性的年事愈高，症狀就愈顯著。

我們十分清楚，很多女性（還有男性）到晚年後對性的態度是「終於自由了」，我們無意暗示人人都想或應該想保持性活躍，但請回顧本章開頭列出的各種症狀，並暫且拿掉「乳房脹痛」與「陰道不適」兩項，使其適用於男性。

如果你告訴男性：「振作一點，老兄！這只是正常老化罷了！胸痛、腹脹、頭痛、晚上睡不著、記性變差等等，都沒什麼好擔心的！對性不再有興趣？性交疼痛？嘿，你都過了五十歲，享受的魚水之歡也夠多了吧。什麼，你太太還想要啊？太糟糕了，叫她別那麼惹人厭吧。再說，那些症狀只會持續幾年而已，雖然半數男人還會有十幾年的症狀，有些人從現在起就會出現性交疼痛。如果你想要性，潤滑油幫得上忙，只是助長不了你的性慾就是了。」他們會做何反應？

很難想像大多數男性能接受上述訊息。

為反歧視而被忽略的健康真相

當然，我們都明白辛西亞‧皮爾森提到的「年齡歧視」是什麼意思，那種「變老不好，青春才棒。不論男女，人人都應該極力抗拒老化跡象」的文化信息無所不在。多數女性主義者的非年齡歧視觀點是，更年期症狀和初經一樣，都是人生正常的一部分，因此必須忍受，並在嘴裡同時叨念著所羅門王（King Solomon）的話：「一切都會過去的。」如果症狀嚴重，可以使用藥物以外的療法來治療。

依據這種觀點，對於更年期，可以用人們處理灰髮或皺紋等其他老

化跡象的方式來處理：試試非處方輔助品，或是乾脆什麼也別做。我們的一個朋友是大學教授，她痛恨熱潮紅及其造成的全身大汗，但她實事求是地應對，曾告訴學生：「熱潮紅就像這樣子，我不會暈倒也死不了。現在交作業上來吧。」

此外，我們也同意皮爾森及其他提倡消費權益者對大藥廠的批評。大藥廠可以直接向消費者打廣告，把早先的有效藥物包裝成新藥推出，但換湯不換藥，還能在不需要那種藥物的地方拓展市場，而以上種種竟然都不受管制。我們對於「少即是多」運動也很有共鳴，這個運動試著教育大眾，讓他們避免不必要的藥物與診斷檢查。我們同樣譴責「販賣疾病」的行為，即任意創造新的疾病，這通常是藉由拓展實際醫療狀況的邊界，使其包括了一些並不需要且可能永遠不需要藥物的「前」狀況（第四章將討論到，那個被假設為骨質疏鬆症前期的「骨質缺少症」，就是這類製造出來的詞彙，一位醫學史學家寫道，它的地位是「在強力行銷與既得利益」下堆出來的 P138 ）。

不能否認，打從羅伯・威爾遜出版《青春永駐》並宣稱女性沒有雌激素就無法「成為完整女性」開始，雌激素的背後就有著強力行銷與既得利益。那本書出版後的那些年，許多醫師會隨時拿出各種荷爾蒙，催促患者不要囉嗦，乖乖服用就對了。當時的醫師多半自以為是，有性別歧視且重男輕女，醫學教科書將更年期描述為「缺乏症」或「卵巢衰竭」。也難怪在那幾十年中經歷更年期的女性，對荷爾蒙補充療法的療效疑心重重；我們很難將荷爾蒙的問題，與（大多數）開藥方的男醫師居高臨下的姿態分開來討論。

卡蘿的母親很喜歡講婦科醫師問她最後一次月經是何時的場景。

　　她想了想說：「回想起來，大概是一年前吧。」

　　「妳有熱潮紅、失眠、持續悶痛、疼痛這類現象嗎？」他又問道。

　　「沒有。」她說，「不過我有一次在戲院裡發冷。」

　　「來。」他沒聽她說什麼，就說，「拿這個藥方去取藥吃，會有幫助的。」

　　上述對話經過多年後，雌激素的開藥方針從贊成變成了反對。今日我們則相信，照那個藥方拿藥，終究是有幫助的。

雌激素有助於改善更年期的生活品質

　　就我們所知，在人類以外，鯨魚是唯一有更年期並在其後能存活多年的動物，這個現象是演化上的一個謎團（我們並不清楚虎鯨或領航鯨的更年期會有哪些症狀，或是牠們吃鯡魚卵是否有助於緩和那類症狀）。有一種外婆假設是說，在古代，如果人類嬰兒與孩童由外婆照顧，因為外婆不會與女兒在伴侶和資源上形成性方面的競爭關係，那麼孩子的存活率會較高。然而，無論更年期的演化原因是什麼，由於上個世紀的健康與公共衛生突飛猛進，現代女性在更年期後大多還有平均三十年的壽命，因此，改善其健康及生活品質已成為當務之急。

有些女性沒有任何更年期症狀，卡蘿與她母親就是如此，她們的月經停了就停了，沒別的症狀——但她們是少數。有一項跨種族／跨族裔的「全國婦女健康研究」（Study of Women's Health Across the Nation），追蹤了在1996年至2013年進入更年期的3302名女性。結果發現，80%左右的女性多少都有一些症狀，半數女性的症狀會持續多年。這些女性的熱潮紅與其他血管舒縮症狀，持續時間的中位數是七‧四年，非裔女性甚至更長（十年）；更年期前期就開始出現症狀者，其症狀持續的中位數更高達十二年。

「婦女健康倡議」甚至不想承認荷爾蒙補充療法可能有助於緩解上述的不適症狀。2003年的婦女健康倡議報告指出，雌激素「對健康相關的生活品質，沒有具臨床意義的效應」，即使對服用雌激素已經三年的女性也不例外。阿夫魯姆告訴妻子瑪莎這件事時，她聽了大笑。瑪莎在四十六歲就因為化學治療而提早進入更年期，而且幾乎馬上就出現了熱潮紅、夜間盜汗、睡眠困難等症狀。在她開始服用雌激素的幾天後，那些症狀就減少，最後消失無蹤了。

症狀最顯著的更年期女性，在採用荷爾蒙補充療法後，通常不到一週就感覺好多了；婦女健康倡議究竟是如何取得那種反常結果的？

「婦女健康倡議」說雌激素無效的二大方法

「婦女健康倡議」展開研究時，研究員無意去了解荷爾蒙如何影響更年期症狀；他們想檢驗的是荷爾蒙對大問題，特別是乳癌、心臟病、認

知缺損等的效應。為何到頭來他們會發表文章，談論本來無意研究的更年期症狀？我們不明所以，但感覺起來是，他們不願意承認荷爾蒙補充療法對女性有任何益處。

疑點1》勸退更年期症狀明顯的女性參與研究

我們會這麼說，是因為「婦女健康倡議」研究員寫道，他們會直接勸退那些據說有「中度或嚴重」更年期症狀的女性參與研究。結果是受試者中，有中度或嚴重症狀者僅占13%（還記得前文提到，參與研究的女性年齡中位數是六十三歲，所以她們在停經初期和其後十年所出現的症狀，此時大多已消失了 **P050** ）。然而，在那13%有更年期症狀的女性中，超過四分之三都被隨機給予荷爾蒙補充療法，而這些人都獲得了比接受安慰劑者更顯著的舒緩，就和其他研究的結果一樣。樣本中其他沒有症狀或症狀輕微的女性，則沒有回報症狀舒緩的情形。

讓我們再重複一遍：沒有症狀的女性服用雌激素後，並未回報其症狀獲得舒緩，是因為她們本來就沒有症狀。

「婦女健康倡議」就是這樣「發現」了荷爾蒙補充療法「對健康相關的生活品質，沒有具臨床意義的效應」的，因為他們聚焦於那些起初就沒有症狀，而且年紀根本早就過了更年期的87%女性。

作者群自己也指出，他們的數據「或許不適用（於有中度或嚴重症狀的女性），因為那些相信自己需要荷爾蒙療法的女性，不可能同意接受隨機試驗」。

以上說法不是我們捏造的。

疑點2》問含糊的評估問題

讓「婦女健康倡議」能聲稱荷爾蒙補充療法並未改善生活品質的另一種方式，與研究員測量「生活品質」的方法有關。他們不是列出特定症狀（如本章開頭的清單 P076 ）給受試者看，請她們從「毫無此類困擾」、「尚可忍受」到「難以忍受」，來評估每種症狀的輕重度，並記下那些症狀是否及如何影響著她們的生活。

反之，他們採用含糊的評估法，請受試者為自身的幸福、心情、因應方式、整體健康評分。

當人們被要求做出這類的綜合評估時，典型的反應就跟熟人問你近來如何時，你會有的反應差不多：「噢，沒事，一切都好」就是你最可能的回答。你不會提起盜汗、失眠、心悸的事，更不會提起各種生活難題（同樣的，在全國意見調查中，人們被問到整體而言自己有多幸福時，大約有三分之二的人會回答「非常幸福」。但問到特定的生活層面時，你才會聽到真相：「我的肩膀痛終於好了，但老闆給了我成山的壓力，我還得把頑劣的孩子送到少年感化院去」）。

一言以蔽之，綜合評估操弄了女性不抱怨特定症狀干擾了其職場或家庭生活的處事傾向。

雌激素是治療女性更年期症狀最有效的方法

但即使是「婦女健康倡議」，也推翻不了這個醫學共識：雌激素是最能有效治療瑪莎與數百萬名女性更年期症狀的方法，那些接受荷爾蒙補

充療法或雌激素替代療法的女性，大多能消除或減少這類症狀。伊莉莎白·華金絲在2007年寫道：「至今雌激素仍是治療更年期熱潮紅最有效的首選療方，很少有批評家會爭論其做為暫時療法的價值。」2004年，梅奧診所的腫瘤學家海蒂·尼爾森（Heidi Nelson）回顧多項隨機試驗後發現，雌激素能降低75%以上熱潮紅發生的頻率。美國婦產科醫師學會提出的方針說明：「由於有些年逾六十五歲的女性仍須以荷爾蒙補充療法來治療血管舒縮症狀，因此，在六十五歲以後中止荷爾蒙補充療法的做法不應成為慣例，應和較年輕的女性一樣，依個人需要取捨。」北美更年期學會的看法也相同。 ◀雌激素是治療更年期熱潮紅最有效的首選療方▶

至於「更年期後長期使用雌激素之女性國際研究」（Women's International Study of Long-Duration Oestrogen After the Menopause），是以澳洲、紐西蘭、英國的3721名停經女性為對象的隨機對照試驗。這些隨機接受荷爾蒙補充療法或安慰劑的受試者，年齡在五十歲到六十九歲之間。研究發現，相較於安慰劑組，荷爾蒙補充療法組女性的睡眠改善了，熱潮紅與夜間盜汗、關節與肌肉痛、陰道乾澀的情形減少了，性功能也有所改善（唯一的副作用是，荷爾蒙補充療法組女性回報出現乳房脹痛、陰道分泌物多的情形略有增加）。研究員特別強調了以荷爾蒙補充療法改善睡眠、減少失眠的益處，因為睡眠不足「與肥胖、糖尿病、高血壓、心血管疾病等病症的風險提高有關。因此，減輕睡眠不足的情況，或許十分有益健康」。 ◀荷爾蒙補充療法特別有益於改善睡眠▶

不僅如此，由於許多更年期女性提到了有關節與肌肉痛、關節炎症狀增加等情形（如前文所述，那是另一組常與更年期連在一起的症狀

P076 ），「更年期後長期使用雌激素之女性國際研究」的研究員強調，他們發現女性接受荷爾蒙補充療法一年後，身體疼痛程度降低了。他們還引述了「婦女健康倡議」（默不作聲地）得出同樣結果的研究：「追蹤婦女健康倡議受試者之關節症狀的一項研究顯示，停止接受合併荷爾蒙補充療法的女性，其關節疼痛或僵硬的情形比安慰劑組更普遍。」他們接著指出，動物研究顯示，雌激素也「扮演著麻藥的角色，或許還能預防骨質疏鬆症中的軟骨磨損現象」。 **荷爾蒙補充療法雌激素有益於改善關節疼痛**

雖然「更年期後長期使用雌激素之女性國際研究」並未發現受試者的憂鬱症狀有所緩解，但其他隨機試驗顯示，雌激素替代療法能顯著改善憂鬱。有兩項隨機對照研究給予受間歇憂鬱所苦的女性四到十二週的雌激素或安慰劑，結果發現，雌激素組的改善率有60%到75%，安慰劑組的改善率則僅有20%到30%。

雌激素緩解憂鬱的成功率很高，研究發現它比抗憂鬱藥更有效，而且往往沒有後者令人不快的副作用，這一點相當重要。英國女性凱蒂・泰勒（Katie Taylor）在抗憂鬱藥與荷爾蒙補充療法之間的不同體驗，讓她成了自己的對照組：

幾年前，我四十三歲，在養大四個孩子後，隔了很多年才返回職場。我熱愛生活，但感覺精疲力盡，泫然欲泣，心情沮喪，卻說不出明顯原因何在。

我的普通科醫師診斷出我有憂鬱症，開了抗憂鬱藥給我，但最後證明那是誤診。六個月後，我感覺更糟了。我出

現「腦霧」，上班時無法清晰思考，在最不恰當的時候掉淚，有熱潮紅且不想走出家門……抗憂鬱藥把我變成了一具行屍走肉，什麼也感覺不到，這根本是不對的！我唯恐這是家庭生活與工作需求讓我蠟燭兩頭燒的結果……於是我又去請教醫師，她同意我應該停止工作，把心力放在養好身體、照顧家庭上。

「停止工作」是更差的建議，大多數女性都負擔不起。所幸，凱蒂・泰勒是麥克・鮑姆（Michael Baum）的女兒，而麥克・鮑姆是英國最富盛名的癌症研究者之一，雖然凱蒂還年輕，但鮑姆認為她恐怕是進入了更年期。那個診斷是正確的，凱蒂確實進入了更年期。她開始進行荷爾蒙補充療法，停用抗憂鬱藥，於是她「回到了以前的凱蒂」、那個樂天又充滿活力的自己，甚至開始在線上支援團體提供資訊給進入更年期的其他女性。◀ 荷爾蒙補充療法有益於改善更年期憂鬱，更勝抗憂鬱藥

服用荷爾蒙「最好不要」只在最短時間服用最小劑量

對逃過乳癌魔掌的女性而言，化學治療通常會促使她們進入更年期並加強其症狀。哥倫比亞大學厄文綜合癌症中心乳癌研究計畫主持人道恩・赫什曼（Dawn Hershman）指出，相較於沒做過化學治療的女性，做過化學治療的女性陰道乾澀的機率高出5.7倍，性交疼痛的機率高出5.5倍，性慾降低的機率高出3倍，難以達到高潮的機率高出7.1倍。有66%到

99%的乳癌倖存者有嚴重的熱潮紅、夜間盜汗、失眠的情形，但大多數人都沒有為這些惱人不適的症狀求醫。

許多癌症倖存者都忙著因應疾病帶來的影響，在治療結束後便鬆了一口氣，這是可以理解的，也因為她們擔心雌激素會增加癌症復發的風險，所以傾向把更年期當成化學治療不可避免的副作用而默默忍受。但在2017年，一份針對多項觀察性與前瞻性乳癌倖存者隨機研究的回顧評論〈以荷爾蒙療法治療乳癌倖存者之更年期症狀與生活品質：安全嗎？道德嗎？〉中，兩位婦科醫師對標題中兩個問題的回答都是<u>無條件的肯定</u>。評論的作者瑪莉亞・弗南達・加里多—歐亞祖恩（Maria Fernanda Garrido-Oyarzun，位於智利聖地牙哥）以及卡米爾・卡斯特洛—布蘭科（Camil Castelo-Branco，位於西班牙巴塞隆納）的結論是，雌激素是治療所有乳癌倖存者的最佳療法。阿夫魯姆自己的研究也支持那項結論，第六章會再討論 P199 ◀ 雌激素是治療所有乳癌倖存者更年期不適的最佳療法 。

今日仍然有許多婦科醫師與腫瘤學家在奮力調解自己對雌激素的疑心，他們懷疑雌激素有危險，而且沒有清楚的證據可證明雌激素能改善生活品質。最後，很多人提出了某種奇特的折衷做法：對更年期症狀嚴重的女性來說，在最短期間內以最小劑量服用荷爾蒙是安全的。他們的建議代表著對雌激素「很危險」（絕對不要服用）和「很安全」（要服用多久就服用多久）之間的妥協。當然，如果醫師真心相信雌激素會致癌，根本就不該建議人們服用；這就像有人說「每天抽半包菸，但只抽一年就好，夜裡就能睡得安穩了」一樣匪夷所思。

關鍵在於：「停經女性應盡量在最短時間內服用最低劑量荷爾蒙」

的警告，**毫無科學根據**。依據北美更年期學會2017年的荷爾蒙療法立場聲明：「『最短時間，最小劑量』的觀念，對某些女性可能不夠，甚至可能有害。沒有數據支持女性到了六十五歲就應一律停止荷爾蒙補充療法的做法。」

「婦女健康倡議」在最初那項研究發表的十年後，於2012年發表了追蹤研究結果，終於在報告中承認，其實雌激素能大幅降低輕微頭痛、暈眩、熱潮紅等血管舒縮症狀，而且原本在服用雌激素的女性一旦中斷治療，那些症狀就會重現。

研究主持人之一約安・曼森（JoAnn Manson）承認，女性現在可以安心接受荷爾蒙補充療法，不用害怕會早死了，她告訴英國《泰晤士報》：「這對女性而言是好消息。基本上，這讓更年期女性能放心採用荷爾蒙療法來處理熱潮紅、夜間盜汗等麻煩又惱人的症狀。」三年後的2015年，曼森與阿肯色醫學大學（UAMS）執行董事葛羅莉亞・理察－黛維絲（Gloria Richard-Davis）合寫了〈研究推翻了既有觀念〉一文，評論上述的「全國婦女健康研究」 P086 。她們讚許研究員推翻了「（血管舒縮症狀）只會持續很短時間、對女性的健康或生活品質影響甚微、只要短期治療便可隨時治癒等既有觀念」。

自己創造的觀念被推翻了，她們居然叫好？我們很遺憾約安・曼森先前為「婦女健康倡議」的發現，提出了危言聳聽的不當詮釋，甚至不願承認荷爾蒙補充療法能緩解更年期症狀，但我們也樂見她改變心意，即使只是稍微動搖。「過去人們有很多恐懼。」她說，不太樂意承認主要就是婦女健康倡議激起了那種恐懼。

荷爾蒙之外的更年期改善方法有效嗎？

從阿斯匹靈到鹽酸西替利嗪（Zyrtec，編註：一種抗過敏藥），所有藥物都有潛在的副作用與風險，荷爾蒙補充療法也不例外。這類療法的副作用包括眼睛乾澀、陰道分泌物多、乳房脹痛等，在有些女性身上可能會持續一年之久。荷爾蒙補充療法也有機率很低但更嚴重的風險，包括膽囊疾病、血栓等（後文我們會評估如何平衡風險與益處 P233 ）。我們可以理解，很多女性除非有醫療必要，否則不喜歡服用處方藥；其他人則覺得荷爾蒙補充療法的風險高於其他藥物選項（多虧了「婦女健康倡議」）。以下就來討論其他選項的問題。

有些女性可能會兩手一攤，決定忍受所有的不適。那些想採取行動但不想服用雌激素（無論是否合併黃體素）的女性，則有三種選項：針對特定更年期症狀服用處方藥、試用成山成海的植物性藥材及其他針對更年期的市售「天然」產品、取得雌激素的生物同質性版本藥方。其實還有一種更熱門的萬用療方，但我們完全不想討論——依個人需求修正生活型態並進行非藥理性療法，例如，《臨床內分泌和代謝期刊》的建議是：女性應戒菸、減重、少喝酒、攝取維生素D與鈣、注重飲食健康、使用陰道潤滑劑、定期運動等。至於嚴重的熱潮紅與夜不成眠，同一篇文章的作者則認為，認知行為療法、催眠、針灸等「或許有幫助」。以上都是再合理不過的建議（但除了攝取維生素D與鈣以外，十之八九是無效的，就連預

防停經女性的骨折也做不到，第四章會再談到 P135 ），不幸的是，上述方法沒有一種能緩解更年期症狀。

針對更年期「症狀」開藥只是治標不治本

有些醫生會開給更年期女性抗癲癇藥加巴噴丁（gabapentin，商品名為鎮頑癲〔Neurontin〕），這種藥主要是用來治療癲癇與神經痛，但後來愈來愈常用於標示外（off-label）的用途，如治療熱潮紅等。鎮頑癲確實多少有助於減少熱潮紅（但不如雌激素有效），但其副作用包括了（僅列幾項）暈眩、嗜睡、倦怠、走路不穩、噁心、腹瀉、便秘、頭痛、乳房腫脹、口乾等等，而且雖然它能減少熱潮紅，卻無助於紓解其他更年期症狀。

此外，如果突然中止服藥，還可能造成癲癇發作。

開抗憂鬱藥來治療更年期症狀的情況也很普遍，有些研究發現這能有效降低熱潮紅與失眠。一項隨機雙盲對照研究，以接受婦科癌症治療的80名女性為對象，結果發現患者服用帕羅西汀（paroxetine，商品名為克憂果〔Paxil〕）後，熱潮紅與夜間醒來的次數都減少了。但一項針對抗憂鬱藥有效性的更大型評論總結道：「顯示（這些藥物）益處的數據充滿了矛盾。」當然，抗憂鬱藥也有其不適副作用與風險，幫不上有其他症狀的女性。

2013年，美國食品藥物局（FDA）駁回了允許以加巴噴丁與帕羅西汀治療熱潮紅的提議，指出這兩種藥均只有邊緣效益。

草藥療法的效果形同安慰劑

　　植物性藥材與自然產品，是迄今在荷爾蒙補充療法以外的另類選項中，最常使用的藥物，如非處方中藥、黑升麻、人參、聖約翰草、銀杏等。即使相信荷爾蒙補充療法對大多數女性是安全的，有些醫師仍想為那些不願使用荷爾蒙的女性提供另類療方，於是提出了各式各樣的草藥，出現哪種症狀就吃哪種草藥。都柏林「女性安樂中心」的醫師，將荷爾蒙補充療法視為「因應更年期最有效的處方藥」，建議不想服用荷爾蒙的女性或許可考慮服用「Omega-3來加強腦部功能、維生素D來加強骨質、琉璃苣油來改善乳房脹痛、維生素E油來改善陰道乾澀」。市面上有各種提出更年期建議的暢銷書，它們推薦上述草本產品，造就了幾十億的草藥產業，但一項接一項的研究卻發現，上述草藥減輕更年期症狀的效用，都不比安慰劑更強。以下僅列出幾項研究：

- 「紅花苜蓿異黃酮萃取物研究」是一項隨機對照試驗，檢視兩種紅花苜蓿萃取物膳食補充劑（商品名為Promensil與Rimostil），結果發現在舒緩熱潮紅或改善更年期生活品質上，其效果與安慰劑並無差別。

- 加州大學舊金山分校女性健康臨床研究中心的流行病醫學與生物統計學教授黛博拉・格雷迪（Deborah Grady）的結論是，許多隨機試驗顯示，雌激素能大幅降低80%到95%的熱潮紅頻率與嚴重度，但「沒有強力證據顯示針灸、瑜伽、中藥、當歸、月見草油、人參、卡瓦胡椒（kava）或紅花苜蓿萃取物能改善熱潮紅」。

- 一份發表於《美國醫學會期刊》的統合分析，在綜觀治療熱潮紅的非荷爾蒙療法後，發現大多數這類研究的品質欠佳，因此其通用性有限。研究員總結道：「不良反應與成本可能會限制許多女性使用這類藥物；對無法服用雌激素但症狀顯著的女性來說，這類療法可能最有效，但對大多數女性來說不是最佳選擇。」
- 一項隨機試驗比較了另類藥物（黑升麻、多種植物性藥材、黃豆）與荷爾蒙療法及安慰劑治療更年期症狀的效果，結果發現服用草本補充劑或安慰劑的女性，其症狀的出現次數或強度都沒有顯著減少，荷爾蒙療法則能大幅減輕症狀。
- 一項隨機雙盲對照交叉試驗研究了黑升麻對熱潮紅有何效果，其發表於《臨床腫瘤學期刊》的研究結果表示，「無法證明黑升麻比安慰劑更能減少熱潮紅」。
- 一項隨機對照試驗研究了針灸對乳癌患者的熱潮紅症狀有何療效，結果並未發現針灸與偽針灸之間有任何統計差異（偽針灸使用的針頭較鈍，也未穿透皮膚，或僅隨機插在理論上無益於改善症狀的部位）。

　　我們還可以繼續列出更多研究，但整體圖像已經很清楚：雙盲試驗反覆發現，服用藥草（紅花苜蓿、黃豆、亞麻籽、當歸、月見草油、人參、野山藥、貞潔樹、蛇麻、鼠尾草）的女性，有20%左右回報其症狀改善了，但這個比例與安慰劑組不相上下（我們連貞潔樹是什麼都不知道，但很高興有人研究它）。一份評論的結語是，聲稱藥草能有效並安全治療更年期症狀的主張，多半是未經證實的，接著它警示，黑升麻與肝毒性可

能有關。這就是為什麼美國婦產科醫師學會的行醫方針公開指出，植物性藥材與自然補充劑，包括非處方異黃酮、中藥、黑升麻、人參、聖約翰草、銀杏等，其效用皆未經證實。省下你的錢吧！

合成生物同質性荷爾蒙並非標準化藥品

最後，我們來討論生物同質性（bioidentical）藥物。艾瑞卡·史瓦茲（Erika Schwartz）、肯特·霍爾托夫（Kent Holtorf）、大衛·布朗斯坦（David Brownstein）這三位醫師曾在《華爾街日報》，聯合發表了一篇典型的背書評論文章〈荷爾蒙療法的真相〉。文章一開頭就不加批判地接受了「婦女健康倡議」的種種發現，聲稱「荷爾蒙補充療法已成為標準教科書範例，顯示了特殊利益、困惑不解的醫學機構與種種機會如何相互結合，使此課題變得複雜，讓患者無法獲得安全有效的治療」。作者群說，所幸婦女健康倡議及時「懸崖勒馬」，中止了荷爾蒙補充療法，因為它「毫不含糊地證實了那類藥物並不安全，而是增加了1萬6000名以上的受試女性心臟病發、中風、乳癌風險的重要因子」。

那麼女性該如何是好？中斷荷爾蒙補充療法後，她們感覺每況愈下，但醫師受制於其醫療機構，除了抗憂鬱藥之外也無計可施。別擔心！生物同質性藥物來拯救各位了！既然叫做「同質性」，表示這類藥物是有療效的，又因為並非一模一樣，所以不會有害處。史瓦茲、霍爾托夫、布朗斯坦這三位博士正是「生物同質性荷爾蒙研究」（Bioidentical Hormone Initiative）的創始成員。

什麼藥可以具同質性而又不同？「生物同質性藥物」是行銷詞彙，而且名稱取得頗為巧妙，因為它暗示能提供雌激素的所有益處，又沒有⋯⋯什麼？雌激素的風險？生物同質性藥物就跟荷爾蒙補充療法一樣需要處方，其中通常含有雌二醇（estradiol），這是女性體內的一種主要循環雌激素。[1]普力馬林含有至少十種雌激素形式，包括雌二醇在內，但也有「馬烯雌酮」（equilin）這種據信最能有效保持腦部功能的雌激素。無論如何，商業製造的雌激素與生物同質性雌激素（通常是雌二醇），都獲得了美國食品藥物管理局的核准與管理。

相較之下，美國各地廣為使用的合成生物同質性荷爾蒙，則通常是地方藥局依醫師開給女性的處方所製作的，並非標準化藥品，不受美國食品藥物管理局管束，所有大型醫學會都不贊成將其當成「雌激素合併黃體素合格療法」的另類選項。但為什麼這類藥物會受歡迎？研究者請21名使用過或正在使用合成生物同質性荷爾蒙的女性，組成非正式焦點小組，詢問她們不採用傳統荷爾蒙補充療法的原因。她們提到自己是因為害怕風險，或對「馬尿」反感，最重要的是，她們「根本無法信任不聽她們說話又過於仰賴藥劑的醫學體系」。另類照護醫師給予她們的「臨床照護與關注較多」，反而很令她們享受。研究者下結論道，「我們發現，女性尋求的不僅是傳統藥劑之外的另類選項，也是傳統照護之外的另類選項，希望有人關注其更年期體驗，聆聽其治療目標。她們很投入，像經

---

① 山藥中也含有雌二醇，但可別以為食用山藥行得通，因為那得吃很多山藥才足夠。

紀人般管理著自身的更年期。」為了找到願意聆聽、說明、與她們合作的醫師而選擇有風險或效力不佳的療法，似乎是一種不幸的取捨。[2]

針對所有的非處方藥草與藥水，就算是由自詡為更年期治療專家的醫師所提出的建議，消費者仍要對聽起來有科學意味但實則無科學依據的療法提高警覺。

曾經有一位醫師寫信給阿夫魯姆，褒揚他對「婦女健康倡議」的批判，卻又說，她仍然反對荷爾蒙補充療法。她表示自己偏好採用「生物同質性荷爾蒙補充療法（BHRT）與懷利療程（Wiley Protocol）」，聲稱它們比傳統荷爾蒙補充療法更安全有效，然而，當阿夫魯姆詢問她有哪些研究證實了這類療法「安全有效」時，她並沒有回應。

懷利療程是由不具科學或醫學證照的泰瑞莎・S・懷利（Teresa S. Wiley）所提出的生物同質性荷爾蒙療法體系。懷利主張，她的方法不僅能緩解更年期症狀，還能促進女性的整體健康，搞不好還能讓你邊睡覺邊賺錢。維基百科的總結寫得好：「醫學界批評這種療程使用的荷爾蒙劑量不當、其療法具有副作用與潛在的生理效應。懷利缺乏提出療程所需

---

② 因為聽起來或感覺起來很棒而選擇另類醫學，所付出的代價可能很高。2018年，《國家癌症研究所期刊》發表了一項非轉移性癌症死亡率的研究，研究時間達五年半。研究員比較了選擇另類療法而非化學治療、放射療法、手術的280名患者，以及560名接受傳統療法的患者之間的異同。仰賴非經證實的另類療法的患者，死於研究期間的比率較傳統患者高出了2.5倍，就某些癌症而言，另類療法的相關風險更高：其乳癌患者的死亡率高出近6倍，大腸癌患者的死亡率高出4倍。

的醫學或臨床資格，也缺乏證實其安全或有效的經驗證據，此外，當中還有測試這類療程的臨床試驗是否道德的問題，以及與金融誘因相關的潛在利益衝突問題。」還需要多說什麼嗎？

關 鍵 要 點

荷爾蒙補充療法不只能改善生活品質

我們同意女性主義的批判，確實不該把女性的日常生活問題當成醫療問題看待，但我們也相信不能對其醫療面掉以輕心，以免忽視了或無法對症下藥地治療顯然有生理根源的問題。當然，目標是促進女性個人的最佳福祉。對凱蒂・泰勒來說，解決之道不是抗憂鬱藥，也不是離開壓力重重的職場，而是服用荷爾蒙。阿夫魯姆的患者剛開始進行荷爾蒙補充療法時，經常會打電話向他一吐不快。其中一名女性說：「以前我覺得自己老了，沒有用了，但服用雌激素後，我以為早已消失無蹤的那個自己又回來了。我很生氣自己竟然浪費了那麼多時間自哀自憐。」

如果荷爾蒙補充療法僅對類似這名女性的患者有效，那也是值得背書的理由。如我們所見，風水輪流轉，人們確實已逐漸回頭接納證據，相信荷爾蒙補充療法能治療大多數嚴重的更年期症狀了，而且風險很低。

現在，爭議進入了另一個層次：如果女性未出現令人擔憂的更年期症狀，或是過去有但已逐漸消退的話，還要考慮以荷爾蒙補充療法來防範未來的疾病與問題嗎？對「婦女健康倡議」的約安・曼森而言，答案依舊

是「不需要」。在婦女健康倡議發表最初報告後，荷爾蒙補充療法的使用率下滑，如今她承認這種情形「並不理想」，因為各種症狀又回頭苦苦糾纏女性，影響了她們的睡眠，損害其生活品質，進而影響健康。然而，她接著說：「這並不意味著我們要回到二十五年前，以荷爾蒙療法來預防心血管疾病的老路。」下一章我們會評估這項聲明。我們知道許多女性寧可暫時忍受不適症狀，也不願接受短期內有效但長期下來卻有害無益的療法。然而，如今的研究顯示，荷爾蒙補充療法似乎不僅能改善女性的生活品質，還能拯救性命，延年益壽——下一章就來討論這一點。

3 雌激素守護停經女性的心臟

對原本無心臟病徵兆的女性來說，更年期補充雌激素其實有益於降低罹患心臟病、冠狀動脈疾病之風險。

本章重點

提到心血管疾病，我們比較容易聯想到男性患者心臟病發的畫面，不過，隨著年紀增長，女性出現心血管疾病的機率將會愈來愈高——尤其是停經後的女性，機率還會更往上攀升，而我們之所以容易忽略女性心臟病，主要是女性心臟病的徵兆通常與我們認知的胸痛無關 `P106`，而且女性的動脈粥狀硬化也很難確診。

有的醫師會以荷爾蒙療法會提升心臟病風險為由反對使用雌激素，但其實有數篇觀察性研究分別指出，**對於原本無心臟病徵兆的女性來說，雌激素有益於降低她們罹患心臟病** `P110`、**冠狀動脈疾病** `P110`、**重大心血管疾病** `P110` **的風險**，就連因切除卵巢而增加罹患冠心病風險的女性，服用雌激素也能幫助她們將風險降至最低 `P110`。

除此之外，甚至有研究指出，**荷爾蒙療法對於原本已有冠狀**

動脈狹窄或有心臟病徵兆的人來說，也是有益處的，但必須是在更年期症狀出現初期或停經初期就已經開始使用荷爾蒙療法才會有幫助，對於更年期過了數年之後才施用雌激素，那就無法扭轉血管損害了。 P116

事實上，2002年由於「婦女健康倡議」而使50%到70%原本有接受荷爾蒙療法的女性中途退出療程，在接下來的十年，有心臟病學家和流行病學家發現，這些女性當中，罹患冠狀動脈疾病的人增加了，死於心臟病的人數也提升了。 P117

整體而言，目前的共識是，如果能在更年期剛開始或六十歲以前就接受荷爾蒙療法，將有助於預防冠狀動脈疾病與心臟病的發作，因為雌激素能促進血管健康，或許有助於延緩斑塊的形成。如果晚至六十歲中期才接受荷爾蒙療法，那麼療法對其心臟或許沒有保護作用（但尚待評估）。而且對於到六十多歲才採用荷爾蒙療法的女性來說，更有潛在的風險，尤其是如果她們先前就已經有冠狀動脈疾病的話。 P123

女性首要死因是心臟病，卻常被忽略

雖然乳癌是美國女性最常罹患的癌症，但肺癌奪走的性命比乳癌更多，而這兩者又比不上心臟病的死亡率，心臟病是美國女性的首要死因。美國癌症協會預估，2018年約有26萬6110名女性會罹患乳癌，其中有4萬920名會因此喪命，90%左右的乳癌患者會在初期治療下痊癒。

這項統計令人振奮，但是乳癌滋生的焦慮仍然比心臟病多，即便每年死於心臟病的女性（2018年預估為29萬8840人）是乳癌預估死亡人數的七倍以上。

有些人指出，比起心臟病，女性更恐懼乳癌，其原因是乳癌侵襲女性的年紀比心臟病更早，但那種說法是錯的。女性在四十歲以後的每十年，死於心臟病的人數都高於乳癌。從下表的女性死因就可看出這一點，這是2014年的數字：

	20-39歲	40-59歲	60-79歲	80歲以上
心臟病	2,459	22,465	76,242	187,680
乳癌	1,051	10,708	18,461	10,991

驚訝吧？心臟病殺死的女性人數，是乳癌的兩倍以上，即使是四十歲以下的年輕女性也不例外，六十歲至七十九歲的女性死於心臟病的人數，更是乳癌死亡人數的四倍之多。這種差異，是數十年以來的討論議題。1997年，《刺胳針》的一篇評論描述了全國老年委員會主持的一項針對1000名四十五歲至六十四歲女性的調查。調查發現，「61%的女性表示，她們最恐懼的疾病是癌症，尤其是乳癌。相較之下，只有9%的女性最害怕的疾病，是最可能奪走她們性命的疾病──心臟病。」那篇評論接著寫道：「上述發現與美國心臟協會同一年發表的調查幾乎一模一樣。只有8%的女性體認到心臟病與中風是她們的首要死因，這兩者每年

造成女性死亡的人數，是其他十六項死因的總和，其中包含了糖尿病、所有類型的癌症、愛滋病、意外等。」（第五章會討論中風 P169 。）

女性的心臟病症狀和男性不同

儘管心臟病帶來的風險無可置疑，但女性眼裡幾乎看不見心臟病。女性患者常告訴我們：「但我認識的女性中，很多人都有乳癌，心臟有問題的人反而很少！」如今我們知道，其中一個原因是女性的各種心臟病、心臟衰竭、心臟病發的症狀，都與男性不同。

胸腔與左臂劇烈疼痛等大家熟知的心臟病發症狀，在男性身上比較常見，女性的主要徵兆通常與胸痛無關，包括頸部、顎部、肩膀、上背部或胃部不適，呼吸短促、單臂或雙臂疼痛、噁心、出汗、暈眩、極度或異常倦怠等，而上述症狀也可能是許多不同問題的症狀。

不同於男性，女性的動脈粥狀硬化疾病也很難確診。許多因急性冠心病求醫或掛急診的女性，在血管攝影檢查中是正常的，顯示她們沒有冠狀動脈阻塞的問題。

紐約倫諾克斯山醫院的「女性心臟健康計畫」主任涅卡・戈德堡（Nieca Goldberg）在其著作《女人不是小男人》中，描述了兩性對心臟病的不同體驗，每2名女性就有1人死於心臟病。數十年來，女性心臟病專家都試著表達這一點，但往往被乳癌的粉紅絲帶宣導活動淹沒（美國心臟協會也有「為女著紅」〔Go Red for Women〕宣導活動）。

紐約內科醫師瑪莉安・萊加托（Marianne Legato）之所以成立並擔任

哥倫比亞大學性別差異醫學基金會會長，正是因為有愈多愈多證據顯示，根據「正常」（白種）男性的醫學研究，無法一概而論地套用在女性或其他種族身上，而心臟病又是兩性之間特別不同的領域。萊加托在1991年的突破性傑作《女性的心臟》中，倡導了以雌激素降低心臟病風險的益處。

恐慌讓人誤以為乳癌比心臟病更常見、更嚴重

女性低估心臟病死亡風險的另一個原因，可能出在認知心理學家所謂的「可得性偏誤」（availability heuristic）上，即人會因為一件事容易舉例，而那些例子又能激起大量情緒反應，而評斷它較容易發生。大災難與震驚世人的意外，就能引起這類強烈的情緒反應，因而在人們心中留下深刻印象，在腦海裡比其他負面事件更「可得」、更容易憶起。

這就是為什麼人們會高估了龍捲風的死亡率，卻低估哮喘死亡率的原因，其實死於哮喘的人數遠遠高出龍捲風幾十倍以上，卻不會因此登上頭條。女性高估乳癌死亡率（已經高得嚇人了）、低估心臟病死亡率，也是基於同樣的原因。

多年前，許多歐美人士對於會侵入腦部的「狂牛症」很恐慌；人類若吃了受感染的牛肉，便可能染病。因此，當時有研究者在法國進行了一項很有創意的田野調查。每當報紙報導狂牛症的危險，隔月牛肉的買氣就會下滑。但每當報紙報導同樣的危險，但用的是疾病的正式名稱「庫賈氏病」（Creutzfeldt-Jakob disease），牛肉的買氣就不受影響。較生動的標籤會使人們的情緒反應較大，從而高估危險。在整段所謂的危機期，全法

國上下僅有六個人被診斷出狂牛症，但狂牛——原本溫馴可人的動物大暴走——的形象，在腦海中「可得」得多。

我們懷疑，比起心臟病較含糊又多樣的症狀，乳癌也是因此在人們的腦海中更「可得」、留下更深的印象。人們確實很習慣留意乳癌相關的政治與籌款活動，所以女性名人確診乳癌時，大多都會公開。雖然安潔莉娜·裘莉（Angelina Jolie）本人並未得乳癌，但她發布新聞表示自己遺傳了容易罹患乳癌的乳腺癌基因（BRCA），所以選擇切除兩側乳房。這類新聞被看成是提升公眾意識的勇敢舉動，當然也確實如此。

我們撰寫本章時，手機也正響起新聞快報的提醒，演員茱莉亞·路易絲－卓佛（Julia Louis-Dreyfus）在Instagram與推特透露她確診乳癌。雖然我們不清楚診斷細節，但世人的反應彷彿是她宣布了自己大限將至。「值此之際，我們深愛並支持茱莉亞和她的家人。」HBO如此對《洛杉磯時報》發出鄭重聲明。

在此同時，歌手麥莉·希拉（Miley Cyrus）得知自己診斷出間歇性心搏過速時，卻未在推特上公諸於世，雖然有人問到時她也會侃侃而談。伊莉莎白·泰勒（Elizabeth Taylor）、蓮娜·荷恩（Lena Horne）、唐妮·布蕾斯頓（Toni Braxton）、葛麗·嘉遜（Greer Garson）、芭芭拉·史坦威（Barbara Stanwyck）、芭芭拉·華特絲（Barbara Walters）、蘿西·歐唐納（Rosie O'Donnell）、斯塔·瓊斯（Star Jones）等諸多女星心臟病發時，也沒有公開消息。

即使是罹患乳癌的女性，她們死於心臟病的機率仍高於乳癌。科羅拉多公共衛生學院流行病學家珍妮佛·佩奈克（Jennifer Patnaik）與其同

療，以6萬3566名確診乳癌的六十六歲以上女性為對象，持續追蹤了平均九年。

他們發現，在這一大群女性中，死於心臟病的人數高於乳癌。研究員下結論說：「對確診乳癌並接受治療的女性而言，降低心血管疾病的風險應是其長期照護的優先事項。」

如今，這已經成為腫瘤學家的公認建議。在2017年聖安東尼奧乳癌研討會中，明尼蘇達大學醫學院腫瘤學家安．H．布雷斯（Anne H. Blaes）發表研究指出，已停經的乳癌倖存者在接受主要治療後，往往會服用「選擇性雌激素受體調節劑」（SERM）類的非化學治療藥物，但這類藥物往往有可能損害冠狀動脈管細胞。由於選擇性雌激素受體調節劑通常是開給無乳癌殘留證據的女性，而這些女性此後多半不會再得乳癌，再加上這類藥物通常最少會開五年，因此布雷斯警示道，選擇性雌激素受體調節劑帶來的傷害也許比好處更多，原因是「曾罹患乳癌的女性，死於心血管疾病的風險大多高過乳癌」。

美國心臟協會在2018年第一次針對心血管疾病與乳癌的正式科學聲明中，也同意這一點。

荷爾蒙補充療法有益於心血管

針對雌激素與心臟病關聯的研究由來已久。由於女性進入更年期後心臟病的風險會增加，因此許多研究的目的是判定雌激素是否有顯著的心血管益處。

觀察性研究：雌激素能降低心臟病風險

相關證據強力地顯示，雌激素確實具有益處。

· 聖地牙哥加州大學聖地牙哥分校預防醫學系教授暨「停經後雌激素／黃體製劑介入試驗（PEPI）研究」主持人伊莉莎白·貝芮－康娜，偕同約翰霍普金斯大學流行病學家楚迪·布希（Trudy Bush），回顧了現存研究後提出結論：「有關停經女性荷爾蒙補充療法的研究大多（並非全部）顯示，使用無拮抗口服雌激素的女性，其出現冠狀動脈疾病的風險減少了50%左右。」他們以將近900名女性為對象的研究發現，服用雌激素合併黃體製劑，其實比僅服用雌激素，更能夠降低心臟病發的風險。 ◀ 荷爾蒙補充療法比雌激素替代療法更能降低心臟病發的風險

· 1991年，心臟病學家李·高德曼（Lee Goldman）與統計學家安娜·塔斯特森（Anna Tosteson）在哈佛醫學院期間，為《新英格蘭醫學期刊》合寫了一篇主要評論──〈停經後使用雌激素的相關疑慮：停止辯論、採取行動的時候到了〉，他們寫道：流行病學研究的共識顯示，停經後服用雌激素的女性，其罹患冠狀動脈疾病的風險，比未服用荷爾蒙的女性降低了40%到50%。 ◀ 雌激素能降低冠狀動脈疾病的風險

· 2000年，哈佛公共衛生學院流行病學家暨「護士健康研究」的主持人法蘭辛·郭德斯坦（Francine Grodstein）的報告指出，雌激素能降低近40%的重大心血管疾病風險。 ◀ 雌激素能降低重大心血管疾病風險

· 有兩項不同研究的研究人員皆報告指出道，那些切除卵巢的女性，罹患

冠心病的風險比較高，如果她們服用雌激素，則能夠將風險降至最低。

◀ 雌激素能使切除卵巢之女性較高的冠心病風險降低

有些科學研究者會質疑上述研究的效力；其實它們在醫學文獻中都是備受敬重的觀察性研究，但受到質疑的原因，也正是它們是觀察性研究，而非隨機對照試驗。

對觀察性研究的疑慮

我們想解釋一下這些研究者的疑慮所在，以及我們認為他們到底哪裡錯了。

如前所述，「隨機對照試驗」一向被認為是進行醫學研究的理想方法；在隨機對照試驗中，女性受試者會被隨機分派到荷爾蒙（或要測試其效力的任何其他療法）組或安慰劑組，如果研究是雙盲試驗，她們和研究者都不會知道誰服用了什麼。

然而，比起隨機對照試驗，觀察性研究有幾個優點：花費較少、完成速度較快、可納入範圍更廣的患者；可在無法進行隨機對照試驗，或進行隨機對照試驗不道德時予以取代。在觀察性研究中，受試者不是隨機分派到治療組或對照組，而是由研究者長時間觀察，相較於接受安慰劑或什麼療法都沒有的對照組，某個特定療法對治療組有無任何幫助、傷害，還是毫無影響——這種方法的主要問題是，如果女性可以選擇是否要接受荷爾蒙，而不是被隨機分到荷爾蒙組或安慰劑組，她們的反應可能會不一樣，從而影響了結果。那些會接受荷爾蒙的女性，可能較健康、富有、教

育程度高，而最後展現的健康益處，可能主要是歸功於她們的健康、財富與教育，而非所接受的藥物。

1970年代到1980年代，有研究者比較各種隨機對照試驗與觀察性研究後，指出另一個關鍵問題：早期的觀察性研究傾向於誇大正面療效。一項分析顯示，在針對某個療法的研究中，有半數以上的觀察性試驗發現它有療效，但發現了同樣療效的雙盲隨機對照試驗，卻只有30%。不難理解許多研究者會因此下結論說，實證醫學根本不應採用觀察性研究。1997年的一本實證醫學著作寫道：「如果你發現（某項）研究不是隨機試驗，我們建議你跳過那項研究，直接讀下一篇文章。」

若是如此，你可能就得跳過這本書，直接去讀另一本了，因為你會對我們引用的觀察性研究有所警戒，不相信雌激素真的能降低心臟病與其他醫療問題的風險。然而，隨機對照試驗在可敬之餘，也不是完全沒有缺點。有些研究本身就帶有偏見與統計失真的情況，「婦女健康倡議」就是其中最重大、也最不幸的例子；不僅如此，有些報告發現，觀察性研究如果操作謹慎，通常能得出與隨機對照試驗相近的結果。

隨機對照試驗不該是評估療法的唯一方法

根據凱爾・班森（Kjell Benson）與亞瑟・哈茲（Arthur Hartz）兩位內科醫師刊登在《新英格蘭醫學期刊》上針對此議題的評論，文中提及早期對這兩種方法的比較，依據的是1960年代和1970年代的研究，但從那時以來，研究方法已有所改善。班森與哈茲發現，1985年至1998年進行的觀察性研究「在方法學上比早期研究優秀……數據集的選擇較精良，統計

方法也改善了」，因此消除了某些系統性偏差（systematic bias，譯註：研究過程有支持某種特定結果的傾向）。他們比較了十九種不同療法的隨機對照試驗與觀察性研究後，發現「在觀察性研究與隨機對照試驗中，大多數領域的療法效力相近」。其他研究者則搜尋各大醫學期刊，找出最歷久彌新的醫學做法並在兩種方法發表結論的二十年後進行比較。結果發現，非隨機的觀察性研究中仍有87%是有效的，隨機試驗有85%仍有效。

　　奧斯汀・布拉弗德・希爾爵士不僅是德高望重的醫學統計學家暨英國醫學研究委員會流行病學家，也是在醫學界開發並提倡隨機對照試驗的人，但就連他也相信事情已經走偏了。心理醫師大衛・希利（David Healy）寫道：「希爾提倡隨機對照試驗已經有二十年，多年來他等待著潮流從考量醫師的個人經驗，轉向多少考量大規模證據，但他指出，如果這類試驗真的成為評估療法的唯一方法，那這股潮流不僅走得太遠，也遠到都要脫勾了。」

自打嘴巴──「婦女健康倡議」互相衝突的研究發現

　　因此，現在我們就來看看，「婦女健康倡議」對於荷爾蒙治療心臟病的功效有何發現。相對於先前數十年來的證據，研究員發表了數篇結論雜七雜八、相互衝突的文章。

・2002年，婦女健康倡議發表其結果的第一年，時任婦女健康倡議研究主持人的心臟病學家雅克・羅斯素及其同僚指出，接受荷爾蒙補充療法的

女性（非接受雌激素替代療法的女性）出現「心臟事件」（包括可能需要進行繞道手術與血管成形術的心絞痛）並因此死亡的風險相對稍高，但這種風險提高的現象，僅發生在女性接受荷爾蒙補充療法的第一年。

- 2004年，時任婦產科學教授及奧勒岡健康科學大學醫學院女性健康研究組組長的里昂‧斯佩羅夫（Leon Speroff），重新獨立分析了婦女健康倡議的數據後報告，婦女健康倡議提到的心臟事件稍增的現象，僅出現在參與研究時更年期已過了二十多年的女性身上。

- 2007年，羅斯素與其研究同僚修正了先前的發現，如今他們的結論是，在更年期開始後十年內接受荷爾蒙補充療法的女性，罹患冠狀動脈疾病的風險降低了；更年期過了十年後才接受荷爾蒙補充療法的女性，其風險才會稍微增加。（觀察性的）「護士健康研究」也得出相同的結論。

此外，有兩項隨機對照試驗證實了雌激素有益於降低心臟病風險。

- 加州聖馬刁郡老年醫學專家暨內科醫師雪莉‧薩爾皮特（Shelley Salpeter）及其同僚，針對涵蓋3萬9049名女性受試者的二十三項隨機對照試驗進行統合分析。結果發現，年輕的停經女性僅服用雌激素或接受荷爾蒙補充療法後，心臟病發作與死於心臟疾病的機率下降了30%。

- 露意絲‧席爾貝克（Louise Schierbeck）帶領的一支丹麥內分泌學家與流行病學家團隊，以1006名剛停經的女性為對象進行試驗，讓她們隨機接受雌激素替代療法（已切除子宮者）、荷爾蒙補充療法（未切除子宮者）或兩者皆無。在追蹤十年後的2002年，接受雌激素替代療法或荷爾

蒙補充療法的女性，出現急性心臟事件的機率降低了50%，同時其罹患癌症、深部靜脈栓塞或中風的風險也未增加。

「婦女健康倡議」會提出有關荷爾蒙與心臟病的各種矛盾發現，其原因幾乎能確定是：它並非如自己宣稱的，是以剛進入更年期的四十歲後期、五十歲前期健康女性為樣本。相反地，受試女性的年齡中位數是六十三歲 P050，不僅如此，其中70%有嚴重超重的問題，超過一半是肥胖者；有近50%的受試者目前或過去曾吸菸，35%以上的受試者曾接受高血壓治療 P050。僅有10%的女性年齡在五十歲至五十四歲之間，70%的女性為六十歲至七十九歲，而這正是預估會發現曾出現動脈粥狀硬化斑塊的年齡層，因此，在婦女健康倡議展開研究之際，這群受試者中很可能已有人出現動脈粥狀硬化的現象──但這些具有現成心臟病風險因子的女性，並未從研究「荷爾蒙對心血管事件有何效應」的分析中排除。

「婦女健康倡議」的研究員再三聲明，他們徵求的女性都很健康，事實上這應是她們參與那項研究的先決條件，但這類聲明卻與多名參與者的病歷產生矛盾。多倫多大學的巴古・巴夫娜妮（Bhagu Bhavnani）與底特律亨利・福特醫院的羅納德・史崔克勒（Ronald Strickler）也確實下結論說：「強力的基礎科學與臨床觀察性證據顯示，更年期荷爾蒙療法有助於改善心血管與中央神經系統。近期有一項隨機對照試驗（亦即婦女健康倡議）納入了六十三歲至七十一歲、多數超重的女性，而其數據顯示弊多於利；但急著將這類報告的結果一概套用在所有女性、所有更年期荷爾蒙療法上，並不公平。」

在《理解科學》一書中，《紐約時報》科學作家寇內莉亞·迪恩（Cornelia Dean）就像揭穿國王裸體的小男孩，一語道破了「婦女健康倡議」的發現：「這項研究徵求的女性，其年齡中位數為六十三歲。換句話說，她們的更年期已過了十多年。看來這項研究是要顯示，如果你在更年期過去十年後才採用荷爾蒙補充療法，那麼益處不大。」

荷爾蒙療法還有助於扭轉心臟病

有研究證實，荷爾蒙對無心臟病徵兆的女性有益，於是有些研究者便很好奇，荷爾蒙對於已有冠狀動脈狹窄及經證實為心臟病徵兆者，是否也有益處。為了回答這個問題，1998年，他們進行了一份大型隨機研究：「心臟與雌激素／黃體製劑替代研究」（Heart and Estrogen/Progestin Replacement Study）。結果發現，在接受荷爾蒙補充療法前已有冠狀動脈狹窄疾病的女性中，其心臟病事件確實在統計上有意義地增加了，但只有在使用荷爾蒙補充療法的第一年會這樣。

荷爾蒙補充療法為何僅在那些第一年使用且較年長的女性身上，才會有增加心血管疾病風險？

多年來，科學家都知道，冠狀動脈的彈性會在更年期後降低，靈長類動物研究顯示，持續服用雌激素能保持血管健康，而且更年期過了數年之後才施用雌激素，是無法逆轉血管損害的。上述發現也同樣出現在人類身上，例如2000年的「雌激素預防動脈粥狀硬化試驗」與2001年的「雌激素替代與動脈粥狀硬化研究」。

接受荷爾蒙補充療法第一年會出現風險，一個主要解釋是，對無心臟病史的女性而言，雌激素會導致血管擴張（變寬），從而增加進入心肌的血流，但對於有潛伏心臟病的女性而言，雌激素可能有害，因為它會使既有的動脈硬化斑塊發炎，造成穩定型斑塊破裂，並促使血流進入斑塊中，兩者都會導致大冠狀動脈阻塞。無論有沒有加上黃體素，雌激素也可能導致血小板聚集，進而阻塞功能已經不良的冠狀動脈。不過，**在進行荷爾蒙療法第一年之後，就連在已有冠狀動脈疾病的女性身上，風險提升的現象也不再顯著**。以上分析說明了為何像「護士健康研究」這類徵求年輕女性的研究，會發現荷爾蒙補充療法有保護效果：因為年輕女性較不可能有動脈硬化的問題。

這個結論在一項以643名停經健康女性為對象的隨機對照試驗中獲得支持。該研究依受試者進入更年期的時間多長（六年以下或十年以上）來予以分類，讓她們隨機接受荷爾蒙補充療法或安慰劑。在平均五年的期間，研究員每六個月就測量一次受試者的頸動脈厚度（顯示潛在的心血管疾病），並以電腦斷層掃描評估動脈粥狀硬化是否存在、程度如何。相較於安慰劑組，荷爾蒙補充療法顯著降低了動脈粥狀硬化的進展，但只有在進入更年期六年內開始進行荷爾蒙補充療法才有效。對於更年期過去十年後才展開荷爾蒙補充療法的女性而言，則沒有上述的益處。

退出荷爾蒙療法的健康代價

在「婦女健康倡議」於2002年報告「雌激素會造成乳癌」以後，有

50%到70%原本在接受雌激素或荷爾蒙補充療法的女性，完全退出了荷爾蒙療法。接下來十年，根據本書所獲得的資訊，心臟病學家與流行病學家開始注意到，退出荷爾蒙療法的決定讓她們付出了代價，罹患冠狀動脈疾病的人增加了，死於心臟病的人數也提升了。赫爾辛基大學的湯米・迷寇拉（Tomi Mikkola）曾率領一支芬蘭研究團隊，追蹤了33萬2202名芬蘭女性一段時間，以判定其中止荷爾蒙補充療法後出現哪些健康後果。他們發現，相較於女性全體（不論是否服用荷爾蒙），女性在中止荷爾蒙補充療法的第一年，死於心臟問題的風險提升了（具統計意義的）26%。他們也發現，相較於繼續採用荷爾蒙補充療法的女性（155人死亡），中止荷爾蒙補充療法的女性（364人死亡）死亡的風險高出一倍以上。這項發現並未顯示荷爾蒙補充療法有害，反而指出了，女性中斷荷爾蒙補充療法後，荷爾蒙對血管的健康益處就此消失，使心臟病風險變成和她們未曾服用荷爾蒙時一樣。

❓其他的方法有效嗎？

其他預防心臟病的選項有效嗎？

上述所有研究都合理地讓人疑惑著：女性究竟該如何是好？醫師大多覺得，沒道理為了抵擋或預防心血管疾病，而要女性服用荷爾蒙。要降低心臟病風險，現成選項多的是。其他選項是什麼？效用多好？

「婦女健康倡議」的心臟病學家雅克‧羅斯素說：「如果你要採取行動預防動脈粥狀硬化，應該選擇他汀類藥物，不是荷爾蒙。」他汀類藥物確實是美國預防動脈粥狀硬化之相關心臟病死亡率的首選藥物，也是世界上使用最廣泛的藥物之一。立普妥（Lipitor）、素果（Zocor）等他汀類藥物，是專門用來降低偏高的血清總膽固醇的，雖然他汀類藥物開發上市後，所謂「高」的定義就產生了變化——高膽固醇已從240、220、210……逐步下降。起初，他汀類藥物掀起了一陣旋風，醫師幾乎會為所有中年患者開這類藥物，就連毫無症狀或個人心臟病史的患者也不例外（2008年，美國兒科學會提出的用藥指引一度引起爭議，因為它主張開藥給膽固醇高於200的兒童）。

人們十分熱中於他汀類藥物的益處，以致淹沒了對其已知副作用的憂慮，而其副作用不可小覷，包括酶異常、肌肉無力、關節痛、糖尿病等，這些都不是雌激素會引起的副作用。

因此，要評估他汀類藥物的價值，有心臟病風險的女性必須知道兩件事：(1)高膽固醇本身是一項重大的風險因子嗎？(2)他汀類藥物是否能藉由降低膽固醇而減少上述風險？兩個答案都是否定的。

- 羅德島州普洛威頓斯市米利安醫院的女性心臟中心主任芭芭拉‧H‧羅勃茲（Barbara H. Roberts）在《揭開他汀類藥物的真相》中指出，他汀類藥物在女性身上的功效低於男性，其最大效用其實是預防心臟病二度發作，它的成功主要是行銷的結果，而不是醫學上的成功。
- 在一份支持上述結論的重要評論中，茱蒂斯‧華許（Judith Walsh）與

麥克・皮尼奧內（Michael Pignone）兩位醫師，分析了以他汀類藥物對有無心血管疾病之男女的效用為主題的十三項研究。其中，涵蓋了1萬1435名無心血管疾病之女性的六項研究顯示，膽固醇降低不會減少總死亡率，也不會減少非致命性心臟病發作或其他冠心病問題出現的機率。另外，涵蓋了8272名已有心血管疾病之女性的八項研究顯示，他汀類藥物無助於減少非致命性與致命性心臟病發作的風險。

此外（人們聽到這項發現時總是很震驚），整體膽固醇值與心臟病死亡率毫無關係，對女性尤其如此（我們不是在談膽固醇的次類型，如低密度脂蛋白〔LDL〕或偏高就會成為風險因子的三酸甘油酯，但人們傾向以總膽固醇值為危險信號，以為降到200這個魔法數字以下就沒事了）。長期進行的「佛萊明罕心臟研究」在1970年代中期就發現這一點，而且一直沒有人修正其發現，卻仍乏人注意。二十年後，耶魯醫學院心臟病學家暨保健研究者哈蘭・克倫霍茲（Harlan Krumholz）及其同僚報告，膽固醇值與心臟病之間並無相關性，對七十歲以上的男女來說更是如此。然而，正視其研究的人仍少之又少。

那麼直接減少脂肪如何？不就是脂肪讓人們肥胖、阻塞動脈並造成心臟病的嗎？在《好卡路里，壞卡路里》一書中，調查記者蓋瑞・陶布斯追溯了膽固醇與脂肪成為美國飲食禍首的來龍去脈。相信「脂肪是壞蛋」的觀念很突出、直觀，流傳也很廣，還被奉為醫學方針，但最後證實它是錯誤的，而且錯得離譜。脂肪並非總是元凶，往往還是貴人。請思考一下「前瞻性城鄉流行病學研究」計畫（Prospective Urban Rural

Epidemiology）在2017年的精彩發現，該計畫追蹤十八個國家、三十五歲到七十歲的個人前後約七年。由麥克馬斯特大學人口健康研究所的馬旭德‧德罕（Mahshid Dehghan）率領的國際研究團隊，詳盡追蹤了13萬5335名受試者的飲食記錄，並評估其總死亡率與重大心血管事件（致命性心血管疾病、非致命性心肌梗塞、中風、心臟衰竭），其發現如下：

· 總脂肪與每種脂肪（飽和脂肪、不飽和脂肪等）的攝取，與總死亡率偏低有關。

· 偏高的飽和脂肪攝取量，與中風風險偏低有關。

· 總脂肪和飽和及不飽和脂肪，與心肌梗塞的風險或心血管疾病的死亡率無關。

· 偏高的醣類攝取量，與總死亡率風險偏高有關。

　　科學很厲害不是嗎？當然也很惱人，因為它叫我們要看在證據的分上，改變我們的觀念。

關 鍵 要 點

荷爾蒙對心臟有益

　　每當談到雌激素與心臟病的議題，基本問題是這個：荷爾蒙的風險與益處要如何平衡？女性與其醫師要信任哪些證據來協助他們做決策？

首先，我們可以考慮隨機對照研究與觀察性研究重疊的發現結果。南加州大學動脈粥狀硬化研究小組主持人霍華德・霍迪斯（Howard Hodis）在2015年告訴《生物科學技術》期刊：「十三年前的數據看起來好得不得了。之所以出現負面陰影，是因為數據被（婦女健康倡議）動過手腳了。但荷爾蒙療法的效果如今看來仍然很好，這令人放心。**婦女健康倡議與其他針對荷爾蒙療法的觀察性研究皆顯示，剛進入更年期不久的年輕女性採用荷爾蒙療法，能降低其總死亡率。事實上，目前的數據顯示，中斷荷爾蒙療法會增加女性的死亡率。**」（粗體為本書作者所加）然而，造成死亡率增加的最大元凶，是心血管疾病。霍迪斯及其同僚的結論是，在六十歲以前或進入更年期後十年內，開始採用荷爾蒙補充療法，能大幅降低冠狀動脈疾病發生率與總死亡率。此外，他汀類藥物與阿斯匹靈沒有上述益處。他們指出，他汀類藥物與阿斯匹靈「並未決定性地顯示能大幅降低冠心病」，也沒有證據顯示它們能「降低女性的總死亡率」。

接下來再轉向決策分析吧。決策分析（decision analysis）這種方法，是專門用來協助患者做出反映其偏好、價值觀、舒適程度等的個人醫療決策。它以藥物的現有風險與益處資訊為依據，計算其結果為何。我們找不到任何近年的荷爾蒙補充療法決策分析，但找到了多年前進行的兩項決策分析，早在「婦女健康倡議」之前就發表了。

其中一項是蘿賓・郭斯基（Robin Gorsky）與其同僚，在新罕布夏大學衛生管理與政策學系完成的，其結論是停經女性服用雌激素的健康益處，大於其健康風險。他們分析的對象，是假定從五十歲開始服用雌激素

到七十五歲的女性。針對共1萬名女性的分析顯示，服用雌激素的女性比未服用雌激素的女性，多享有了近四年品質更佳的生活。

另一項決策分析是來自娜南達‧寇爾及其同僚，他們早在1997年就提出結論：「荷爾蒙補充療法應能延長所有停經女性的壽命，主要視個人的冠心病與乳癌風險因子而定，有些人的壽命能增加到三年以上。對至少擁有一項冠心病風險因子的女性而言，荷爾蒙療法應能增加其壽命，即使是一級親屬中有乳癌患者的女性也不例外……荷爾蒙補充療法降低冠心病風險的好處，似乎勝過其引發乳癌的風險，幾乎是所有女性都應考慮採用的療法。我們的分析支持更廣泛地運用荷爾蒙補充療法。」她的分析是在顯示「荷爾蒙補充療法不會增加乳癌風險」的證據大量出現以前就發表的。

總而言之，目前的共識是，如果在更年期剛開始或六十歲以前接受荷爾蒙補充療法，就有助於預防冠狀動脈疾病與心臟病發作。然而，「更年期剛開始」是指何時？更年期的定義是指月經停止十二個月以上。但許多女性在仍有月經時就出現了更年期的相關症狀，如失眠、肌肉疼痛、心悸等，而荷爾蒙補充療法對她們也有益。以下列出我們已知的事實：

- 對於從更年期早期就開始服用荷爾蒙的女性來說，雌激素替代療法或荷爾蒙補充療法對心臟有正面效果，因為雌激素能促進血管健康，或許有助於延緩斑塊形成。
- 對於晚至六十歲中期才服用荷爾蒙的女性來說，雌激素替代療法或荷爾蒙補充療法或許沒有保護效用，但這項結論尚待評估。

• 對八十多歲才開始採用的女性來說，雌激素替代療法或荷爾蒙補充療法有潛在風險，至少在第一年是如此，尤其如果她們先前就已經罹患冠狀動脈疾病的話。

在2017年的美國心臟病學學會年度會議中，洛杉磯席德斯－西奈醫學中心研究員報告他們分析了4000多名女性病歷的結果，這些女性在1998年至2012年都接受過冠狀動脈鈣化掃描，這是一種間接測量動脈斑塊成形的方式（這裡暫且說明一下「婦女健康倡議」的影響力：在這些女性中，1998年仍在服用荷爾蒙者有60%以上，但到2012年只剩下23%）。他們分析這些女性的年齡、鈣化分數、心血管風險因子後，發現那些曾接受荷爾蒙補充療法的女性，其死亡率比未接受荷爾蒙療法的女性低了30%；鈣化分數在399以上（顯示動脈粥狀硬化嚴重，心臟病發的風險很高）的機率，低了36%；鈣化分數為0（最低的鈣化分數，顯示心臟病發的機率很低）的比例，則提高了20%。

人生中有三年到四年活得更健康、心臟病風險也大幅降低？聽起來這已經是很好的證據了。

雌激素的好副作用——
預防骨折和骨質疏鬆症

4

女性恐懼死於乳癌，但目前的估計顯示，死於髖部骨折併發症的終身風險，其實與乳癌不相上下。若要提供最大的保護力，可能必須在更年期就展開雌激素療法。

本章重點

提倡以雌激素來預防和改善停經女性的骨質鬆疏症的作法，早在1940年就由富勒・歐布萊特醫師發表出來 P130 ，後來，不論是單獨服用（雌激素替代療法）還是合併黃體素（荷爾蒙補充療法，黃體素也有益於刺激骨骼形成、抑制骨骼流失）服用，在1970年代至1990年代之間，雌激素都是預防與治療骨質疏鬆症的基石 P132 。

只不過，要讓雌激素幫助降低更年期之後數十年的骨折風險，是有條件的，這表示停經女性有可能終生都得接受這個療法，因為研究指出，一旦終止荷爾蒙療法，其對骨骼的保護力就會消失，骨質疏鬆會加速地捲土重來。 P134

即便醫界認同，雌激素替代療法或荷爾蒙補充療法是停經女性在預防或減少骨質疏鬆症的發展上，具有最少不良副作用、效果又最好的介入手段，但並非所有女性都會為了預防骨質疏鬆症而接受荷爾蒙療法，其原因是——更年期後的餘生都要服藥令人感到不快和不安，以及長久以來對「雌激素導致乳癌」的恐慌（沒錯，又是「婦女健康倡議」惹的禍）。不過，由於許多女性都不會出現骨質疏鬆症（骨質流失和骨質疏鬆症是不一樣的 P138 ），也不會因此而死亡，因此，預防骨質疏鬆症的確可能不是女性接受荷爾蒙療法的首選和最佳原因。

然而，如果妳的骨質疏鬆風險高，而且本來就決定接受荷爾蒙療法，即使過了更年期，仍應該持續服用荷爾蒙 P134 。

對於接受荷爾蒙療法以獲得更年期後各種好處的女性來說，骨骼變得強健且有彈性，是妳所獲得的最好的、或許也是求之不得的副作用之一。

阿夫魯姆的岳母夏洛特（Charlotte）獨自站在他診所大樓的花崗岩入口外。此時，她的左髖部無預警地移位，讓她摔了一跤。她沒有不省人事，也沒有覺得很痛，卻無法起身。夏洛特當時七十八歲，檢查後發現她的股骨頸骨折。先前她從未有過髖部損傷的記錄，她的股骨似乎只是因為支撐體重久了而乏力。她是健康的女性，包括阿夫魯姆在內，沒有人料到她這麼容易骨折。多年來，夏洛特認真服用多種維生素與鈣片，年輕時還曾經是極佳的手球選手。

髖部骨折會增加年長女性日後的死亡風險

Osteoporosis（骨質疏鬆症）這個詞在拉丁文中意指「骨骼穿孔」，用來描述骨骼因年齡漸長而緩慢退化、生孔。這些孔洞會讓骨骼變得稀薄，失去支撐體重的能耐，而一旦骨骼變得太纖細脆弱，就很容易骨折；有些人確實只是彎個腰，甚至只是咳了一聲，就骨折了。

骨質脆弱是正常老化的一部分，就像得白內障、生白髮、花半天才能想起那個難忘的人叫什麼名字一樣。然而，骨質疏鬆症是大規模的骨質流失，它與一般骨質流失不同，就像失智和在正常情況下花半天才想起名字，是不同的兩件事。

不論是哪個種族的男女，晚年多半會罹患骨質疏鬆症，但白人和東方女性、身材苗條的女性、較早進入更年期的女性等，風險又更高。五十歲以上的女性罹患骨質疏鬆症的機率，是男性的四倍，她們發生骨折的時間比男性早了五到十年。人活得愈久，就愈容易出現因骨質疏鬆症而導致的髖部骨折情況，每年以一到三個百分點的速度增加，全世界大多數地區皆是如此。

當然，骨質疏鬆症不是造成髖部骨折的唯一原因。如果一名女性的母親在八十歲以前出現過髖部骨折，那麼這名女性出現骨折的風險就高一倍；其他如視力欠佳、平衡問題等因素，也會增加老年人跌倒的風險，進而增加其骨折風險。

骨骼是活的，就像心臟與肌肉一樣，它並不會和上個星期或去年一樣，而是在建構與拆解骨骼的細胞之間持續尋求平衡狀態。在人的一生

中，生長與流失的平衡時時在變化。二十五歲以前，形成的骨骼會多於流失的骨骼。從二十五歲到三十歲，女性的骨質密度會達到巔峰，並在接下來十年保持穩定不變。四十歲以後，骨質形成的速度緩慢下降，五十歲以後，骨質流失會大於骨質形成的速度，累積到最後便是骨質疏鬆症。

脊柱與髖部是骨質疏鬆造成最多問題的骨骼系統部位。脊柱是由二十四塊從頸部延伸到下背部的個別椎骨，以及九塊骶椎與尾椎的融合椎骨構成。每塊個別椎骨都與上下椎骨彼此分離，其間有椎間盤協助吸收日常生活的衝擊與壓力，為椎骨提供緩衝。然而，多年下來，脊柱會開始在反覆的小損傷與日常壓力下出現微骨折，進而被緩慢壓縮，使得我們隨著年齡漸長，身高卻變矮了。

當脊柱的頸部與上脊椎正面，耗損得比背面更快，脊椎就會前傾，因而在頸底與上背部形成惡名昭彰的富貴包，這是晚期骨質疏鬆症的徵兆。運動可以矯正不良姿勢（因為長時間傾身坐在電腦前造成的），但無法修正退化的骨骼構造。

髖部骨折的問題又比脊椎骨折嚴重得多。髖部骨折是股骨（人體最大的骨骼）、尤其是股骨頸逐漸衰弱造成的，股骨的任務不可小覷，它得支持身體上半部的體重。

髖部骨折會造成嚴重的疼痛及長期失能，很多人都看過這類悲傷的故事：某個令人敬愛的年長親戚，平時身體不錯，卻意外跌斷了髖部或骨盆，導致身心逐漸走下坡。

更令人擔心的是，髖部骨折會增加老年人的死亡風險。我們最常聽到的估計是，髖部骨折的患者中，有20%到25%左右的人會在一年內死

亡，尤其是超過七十歲或八十歲的人，而且更多人的日常功能會因此嚴重受損。在一項大型研究中，一群丹麥內分泌學家以近17萬名髖部骨折患者為對象（幾乎涵蓋了丹麥在1977年至2001年跌斷髖部的所有患者），比較他們與對照組中年齡和性別相同者的差異，並從其跌傷那天起追蹤長達二十年。結果發現，骨折患者的死亡率是對照組的兩倍，在骨折發生的第一年尤其如此，但其後五年也是一樣。

死亡風險偏高，會不會是因為跌斷髖骨的老人家身上還有其他年齡相關的疾病？不對。雖然骨折患者較可能出現其他醫療問題，但那些問題不會使死亡率提升；他們的死亡率偏高主要是因為骨折帶來的併發症。**女性髖部骨折後，平均會折損3.75年的壽命。**更驚人的是，研究者估計，如果骨折是發生在女性五十歲或以前，她們會折損27%的預期餘命；如果發生在八十歲以後，她們會折損38%的預期餘命。

另外兩項大型國際研究也呼應了上述的死亡率結果。

- 在法國，研究員追蹤了7512名停經女性平均四年。在那段時期首度髖部骨折的女性，其死亡率比沒有骨折的女性高出四倍，且同樣的是，死亡率的提升在骨折後六個月內最顯著。

- 在瑞典，研究員追蹤1013名髖部骨折患者，對應2026名的對照受試者，並驚人地追蹤了長達二十二年。相較於對照組的6%死亡率，有21%的女性髖部骨折患者在第一年死亡，而且至少在髖部骨折發生十年內，死亡風險都在對照組的兩倍以上。在長達二十二年的觀察期中，其死亡率持續高出50%以上。

從這裡就能理解，為什麼髖部骨折的普遍及其損害身體功能和身心安康的後果，是一個重大的公共衛生問題了。雖然髖部骨折率從1995年以來略為下降（原因不明），但絕對數字仍隨著人口老化而攀高。**女性恐懼死於乳癌，但目前的估計顯示，死於髖部骨折併發症的終身風險，其實與乳癌不相上下。**

骨質密度不同於骨骼彈性

如果說骨骼結構就像一座高樓，那麼骨骼內的膠原纖維就好比支撐高樓的主樑，除了提供結構支撐，也提供彈力或張力，使骨骼能夠承受壓力，彎曲而不斷裂。這種靈活的骨骼內在架構，又稱為「類骨質」。鈣質沉積在類骨質上與內部，形成了骨骼的外殼，就像是高樓的外在表面。其中的鈣能提供強力外盾，保護較柔軟的類骨質，輔助骨骼的承重力，但無法增強骨骼彎曲而不斷裂的能力。因此，**多攝取鈣與其他礦物質會增加骨骼的堅硬度與支持力，但會減少彈力。**

女性上了年紀後，骨骼內豐厚有彈性的膠原纖維，會變得愈來愈薄脆，骨骼張力會降低，使骨折較容易發生。骨骼張力是一種方法，可用來測量骨骼彎到斷裂為止所需的力量。

多餘的鈣並無法預防、治療骨質流失

富勒・歐布萊特（Fuller Albright）是提倡以雌激素療法來預防骨質

疏鬆症的第一位醫師，那是在1940年。歐布萊特是備受敬重的內分泌學家，專長是骨骼代謝；至今，美國骨骼與礦物質研究學會仍會頒發歐布萊特獎，以認可在該領域有成就的傑出人士。

1946年，歐布萊特仔細區分了骨質疏鬆症（骨基質缺乏彈力造成的疾病）與軟骨症（在兒童身上稱為「佝僂病」，因為骨骼缺乏礦物質而導致）。在軟骨症中，骨骼缺乏了人體在生命頭二十年中吸收的鈣所累積的強度，所以一有壓力便會彎曲（生長於貧苦地區、缺乏維生素D與鈣的兒童出現O型腿，就是這種情形）。

歐布萊特發現，在六十五歲以下的42名脊椎與髖部骨質疏鬆症患者中，有40人是停經女性，只有2名是男性，便將此情形命名為「停經後骨質疏鬆症」，以與他認為是正常老化所造成的骨質流失做出區別。但幾十年過去了，隨著女性在停經後的壽命延長至八、九十歲，他在六十五歲以下女性身上觀察到的現象，影響的範圍已擴及數百萬人。

然而，多年後，有些醫師開始將骨質疏鬆症與軟骨症混為一談，這種混淆造成了普遍但不正確的觀念：人們以為，如果女性攝取的鈣與維生素D夠多，就不會有骨質疏鬆症了。

其實，我們不難看出這種錯誤觀念是如何進入我們的文化，就連美國國家醫學圖書館的網站，也建議女性攝取鈣與各種維生素，來預防骨質疏鬆症造成的骨折。

雖然鈣是兒童與青少年的骨骼在形成時，其骨質強健生長的關鍵，但多餘的鈣無法預防、也治療不了骨質流失。歐布萊特警示道，**由於停經後骨質疏鬆症不是鈣或其他礦物質的任何代謝過程造成的，因此攝取高劑**

量的礦物質（無論是否加上維生素D），都無助於改善病況。他當時的觀察是正確的，如今也依舊成立。

2017年，趙嘉國率領的中國天津醫院骨科團隊在《美國醫學會期刊》發表了一項大型統合分析，其中分析三十三份涵蓋5萬1145名受試者的隨機試驗，比較服用補充劑、安慰劑與兩者皆無的人，發生骨折的機率有何異同。結果發現，不論受試者是僅攝取鈣、僅攝取維生素D或攝取鈣加維生素D，皆與非脊椎骨折、脊椎骨折、總骨折的發生率之間，無任何關聯。◀ 補充鈣、維生素D並沒有降低骨折率

補充鈣無法降低髖部骨折風險，是因為它無法影響骨骼的內部結構。依據多項隨機對照研究與長時間追蹤數群老年人的分群研究，**鈣補充劑會影響骨質密度，但無助於骨骼彈力（骨骼彎曲而不斷裂的能力），而如前所述，彈力才是不骨折的要點。**「婦女健康倡議」發現，鈣與維生素D補充劑對髖部骨質密度小有改善，但因為骨質並不等同於彈力，所以鈣補充劑無法顯著降低髖部骨折的發生率。

雌激素和黃體素都能抑制骨質流失

雌激素與黃體素皆能刺激骨骼形成，抑制骨質流失，而且根據相關研究，**迄今沒有哪種療法比雌激素替代療法或荷爾蒙補充療法，更能預防骨質疏鬆症與脊椎及髖部骨折。**

不論是單獨服用還是合併黃體素服用，從1970年代到1990年代，雌激素始終是預防與治療骨質疏鬆症的基石。

所謂的共識發展會議，是指與會專家合力評估某個特定問題之最佳療法的會議。有兩個這樣的會議（一個在美國國家衛生院舉行，一個是歐洲骨質疏鬆症與骨骼疾病基金會贊助的會議）就指出，**雌激素能減緩、甚至中止骨質流失，也是唯一一種公認能降低停經女性的骨質疏鬆性骨折頻率的療法**。西雅圖市福瑞德・哈金森癌症研究中心的研究，與長期進行的佛萊明罕心臟研究皆發現，女性在停經後服用雌激素，能降低35%到50%的骨折機率。

1990年代，瑞典有三項共涵蓋數千名女性的大型研究也發現，接受雌激素（雌激素替代療法或荷爾蒙補充療法）的女性，第一次發生髖部骨折的風險大幅降低了。◀ 雌激素大幅降低首次發生髖部骨折的風險

「婦女健康倡議」的研究員本身也承認雌激素的這類益處。早在2002年，他們就發現，接受雌激素替代療法或荷爾蒙補充療法的女性，出現髖部骨折的機率下降了33%。這項發現在十年後獲得證實：在安慰劑組中，有896名（11.1%）女性出現骨折，在雌激素加黃體製劑那組中，則是783名（8.6%）。◀ 雌激素降低女性髖部骨折的風險

雌激素降低骨折風險的條件

然而，要讓雌激素幫助降低女性更年期後的十年到三十年後的骨折風險，這些停經女性必須接受十年以上的荷爾蒙補充療法，而且可能餘生都得接受這類療法。在2005年一項大型臨床證據評論中，娜南達・寇爾與其同事指出，由於有86%的髖部骨折都發生在六十五歲女性身上，如果女

性只在五十幾歲服用荷爾蒙來緩解更年期症狀，對於保護幾十年後的骨骼健康的幫助並不大。他們表示，僅服用荷爾蒙幾年，對年齡接近骨折風險巔峰的女性而言，助益甚微。他們是對的；荷爾蒙療法一旦中止，其對骨骼的保護作用便會消失，骨質流失會加速地捲土重來。女性中止服用雌激素後，髖部骨折的風險就會迅速攀升，不到六年，她們就會回到從未服用過任何荷爾蒙的狀態。

在評論1990年代以來的十一份雌激素與髖部骨折研究時，流行病學家黛博拉·格雷迪及其加州大學舊金山分校的同僚發現，除了一份研究，其他研究皆顯示，相較於未服用雌激素的女性，服用雌激素的女性髖部骨折的風險降低了。而且，女性服用雌激素的時間愈久（十年以上），髖部骨折的風險就愈低。◀女性服用雌激素愈久，髖部骨折風險愈低

而且如上所述，那種益處在她們停止服用後便會迅速消失，就連服用雌激素十年的女性也不例外。過去曾服用雌激素的六十五歲到七十四歲女性，其髖部骨折的風險降低了63%，但一旦她們停止服用雌激素，到七十五歲時僅能降低18%的骨折風險。

在發表這項研究的一年後，格雷迪和身為骨質疏鬆症專家暨內分泌學家的同僚布魯斯·艾亭格（Bruce Ettinger）提出結論說：「要提供最大的保護力，可能必須在更年期就展開雌激素療法，而且永不中斷。」

荷爾蒙療法沒有被確立為預防或延緩骨質疏鬆症的首要方法，主要原因不令人意外，也就是「婦女健康倡議」所激起的恐懼，讓人們以為荷爾蒙補充療法會造成乳癌。即使到今日，儘管梅奧診所的網站宣稱：「女性在更年期前後雌激素下降的現象，是其罹患骨質疏鬆症最強力的

風險因子之一⋯⋯雌激素，尤其是進入更年期後不久便開始服用的雌激素，有助於維持骨質密度。」但接著它又令人遺憾地表示：「然而，雌激素療法會增加血栓、子宮內膜癌、乳癌的風險，可能也會增加心臟病的風險。」如前所見，這種警示多半毫無根據。話說回來，除了荷爾蒙以外，難道真的沒有其他能預防老年骨質嚴重流失、降低髖部骨折及其相關風險的選項了嗎？

？其他的方法有效嗎？

其他預防骨質疏鬆症的選項有效嗎？

許多健康行動人士與醫學史學家相信，骨質疏鬆症不如一般以為的那麼嚴重。

骨質疏鬆沒那麼嚴重？

畢竟大多數女性即使到了八十幾歲也不會髖部骨折，雖然脊椎可能會出現年齡相關的微骨折。他們主張，光是因為身高會縮水幾公分，就要女性在停經後的餘生持續服用荷爾蒙，實在說不過去。醫學史學家傑拉德・N・葛魯伯（Gerald N. Grob）在《骨骼老化：骨質疏鬆症簡史》一書中，陳述了他認為「骨骼的正常老化被轉化為醫學診斷，最後將每個老年人一網打盡」的來龍去脈。他主張，發生這種轉化，是因為「文

化、醫學、製藥產業等各方力量的結合，使骨質疏鬆症從二十世紀前期健康研究的邊緣，變成了二十一世紀資金充裕的全美研究議程核心，催促所有六十五歲以上女性（及七十歲以上男性）去篩檢其骨質密度（BMD）」。葛魯伯指出，1950年代和1960年代，隨著愈來愈多人活到六十五歲以上，老年人「成為一群有自覺、有特殊利益的人」，他們極力抗拒將老年純粹視為體弱多病與失能的人生陰暗期。

儘管如此，老年人仍面對著延長的餘生所產生的種種健康問題。葛魯伯寫道，「預防年齡相關的衰弱，成了研究者的焦點，也成為臨床醫師的焦點。」

葛魯伯並不是反對努力協助老年人活出健康人生，他擔心的是社會把隨著年齡出現的正常變化（包括更年期與骨質流失）貼上標籤，視之為可診斷的「疾病」。葛魯伯主張，骨質疏鬆症及其療法「是由戰勝疾病與老化的幻覺形塑而成，這類幻覺又進而形塑了我們的健保體系。雖然骨質密度檢查與骨質疏鬆症治療已成為今日的門診慣例，但積極的藥物治療頂多只帶來了不確定的結果」。

我們完全同意葛魯伯的評價，現今的文化確實製造出了確保大藥廠碰巧開發的藥物能有銷路的新疾病。我們也很遺憾美國一味地追求青春，幻想戰勝年齡。然而，找出能協助幾百萬人不再受苦或早夭的療法，完全是另一回事，尤其是當她們比過去所夢寐以求的更加長壽。阿茲海默症與其他形式的失智症，也會影響銀髮族；難道我們不該盡全力理解這類障礙的原因，進而予以預防或治療嗎？

許多女性確實對更年期後的餘生都要服藥的念頭感到不快。儘管布

魯斯・艾亭格與黛博拉・格雷迪都發現雌激素能改善骨骼彈力，也許能降低骨折風險三分之二左右，但他們也擔心「餘生都必須服用雌激素這一點，減少了這種預防策略的吸引力」。有些作者指出，只有骨折風險極高的女性（包括白種女性、亞洲女性、身材苗條的女性、較早進入更年期的女性、其母親曾髖部骨折的女性）才應該考慮荷爾蒙補充療法。其他人則應先另循其他途徑，如運動、減重、服用氟化物、攝取鈣、服用預防骨質疏鬆症的藥（也就是雙磷酸鹽）等。如果真有這麼簡單就好了！

運動無法改善停經女性的骨折抵抗力

運動是最多人推薦的、用來取代荷爾蒙以強健骨骼的另類選項。從諸多健康原因來看，運動都是極佳的活動；對年長女性來說，重量訓練的好處更是不可否認。有些研究者指出，結合運動與鈣，能使女性在循環雌激素充足的停經前時期，攀上骨骼強健的巔峰；此外，提升骨骼的強健度，也能預防或延緩未來的骨質疏鬆症。不過，運動或許能改善停經前女性的骨骼強健度，增強其對骨折的抵抗力，卻無法改善未接受荷爾蒙補充療法的停經女性的骨骼強健度或骨折抵抗力。

氟化物反而會減少骨骼彈性

由於氟化物能保護牙齒外殼，有些研究者會試著開氟化物來治療女性的骨質疏鬆症，並以大劑量來預防骨骼疏鬆進一步惡化。氟化物確實會

使骨質密度急速增加，但無法改善骨骼張力，原因可能出在它減少了骨骼的彈性。使用氟化物來治療，反而會增加非脊椎骨折（但請勿停止使用含氟牙膏）。

沒有醫學意義的「骨質缺少症」

那麼，如果要增加骨骼彈性，我們還有什麼選項？骨質密度是可以測量的，但更重要的骨脆性（骨骼對張應力的反應）卻無法測量。最能測試骨骼強健度的方式，是用老虎鉗夾緊骨頭，研判骨頭在斷裂前能承受多少壓力。顯然這種方法並不實際！

因此，醫師會以骨質密度檢查來取代前述測量方法，但他們往往忽略了一個事實：這種檢查無法精確測量出骨折風險。今日最常使用的檢查是「雙能量X光吸收儀」（DXA）檢查，以X光來測量骨骼中的鈣與其他礦物質的含量。不過，這也是測量骨質密度，而非骨骼彈性的方法。

製藥業支持採用骨質密度檢查，但傑拉德‧N‧葛魯伯與其他生物倫理學家、醫學史學家、消費者保護團體則警告，一旦這類檢查變得普及，就會打開骨質疏鬆症新藥的大門。畢竟藥廠要推出某種新藥，就要先有那種狀況或疾病存在才行，所以得先設法辨認出它，而如果一家藥廠可透過定義一項疾病而鋪下銷售的天羅地網，就能為其新藥獲得更廣大的市場。但骨質流失要到什麼程度才會成為疾病（畢竟人人都會出現這種情況）呢？要流失多少才算太多？

其後的商業活動為了簡化開藥決策，從一個武斷的答案出發：在骨

質流失的進程中，如果一個人的骨質密度的檢查數值比健康的三十歲年輕人低2.5個標準差，就符合骨質疏鬆症的（人為）診斷（標準差是一種統計測量法，表示與常規的距離或差值）。

1990年代早期，世界衛生組織曾經為前述的數值標準背書，此數值獲得了官方許可後，研究者與臨床醫師便有了具體的數值依據。布魯斯・艾亭格與其同僚寫道，負2.5的診斷閾值，僅是估計骨質疏鬆症在各國盛行率的基準。他們寫道，「它並不是用來判定是否要以藥物治療的唯一臨床標準——治療閾值與診斷閾值是不同的。」

等等，如果負2.5不好，負2.0或負1.5似乎也很危險呢？萬一你只是沒被正式確診為骨質疏鬆症，但其實分數比三十歲的正常人低呢？那也不好吧？「骨質缺少症」這個詞就是這樣來的，定義著骨質密度檢查結果比健康三十歲年輕人低1.0到2.5個標準值的人。

一般認為，骨質疏鬆症發生前，一定會先出現骨質缺少症，就像先有幼犬才有成犬般。世界衛生組織強調，這種診斷範疇不是用來進行臨床診斷的，因為骨質缺少症沒有臨床意義，甚至預測不出因骨質疏鬆症而骨折的風險有多少。

加拿大醫師與衛生政策專家章曼慧（Angela M. Cheung）與艾倫・戴斯基（Allan Detsky）報告，過去是否經常跌倒比骨質密度檢查結果，更能預測一個人會不會骨折，骨質密度結果與髖部骨折的關聯不大。「骨質缺少症」這個詞「沒有醫學意義」，曾主持多項大型研究的流行病學家史蒂芬・康明斯（Steven Cummings）這樣告訴記者，「我見過患者發著抖進入診間，因為他們一得知自己罹患所謂骨質缺少症這種『病』，

就唯恐自己某天會失能，但事實上，這在他們的年紀是正常的。」北卡羅萊納大學教堂山分校醫學與微生物學／免疫學系教授諾庭·M·哈德勒（Nortin M. Hadler）寫過數本談論過度醫療的著作，說得更直白：「骨質缺少症是新世紀的一個社會建構觀念。」他接著指出，它是由市場人士、藥廠與其他既得利益人士所發明並使用的詞。

雙磷酸鹽藥物的後患無窮

不過，上述警告都來得太晚了，人們砸下的金錢已不計其數。婦科醫師開始購買昂貴的雙能量X光吸收儀來檢查患者。卡蘿的醫師告訴她，她罹患了骨質缺少症，但接著一笑置之地說：「不過，那不代表什麼。」用來取代荷爾蒙補充療法，以抵擋骨質流失的雙磷酸鹽銷量大增，醫師不僅用雙磷酸鹽來治療真正產生問題的骨質疏鬆症，也用它來治療無意義的骨質缺少症。

自從「婦女健康倡議」的研究發表以來，骨質疏鬆症的預防治療便成為福善美（Fosamax）、雷狄亞（Aredia）、安妥良（Actonel）、卓骨袛（Zometa）、骨力強（Reclast）、骨維壯（Bonviva）等非荷爾蒙之雙磷酸鹽藥物的天下。這類藥物有口服與靜脈注射形式，可以每天、每週、每月，甚至年年使用。雙磷酸鹽藥物對不存在的骨質缺少症毫無助益，但能防止風險偏高的女性出現骨質疏鬆症，也能使已經出現骨質流失的女性之情況穩定下來。然而，一旦骨質疏鬆症已出現，要以藥物逆轉病況，可說是無力回天。

雙磷酸鹽藥物的副作用可能令人不快，有些副作用比荷爾蒙的副作用嚴重得多。最常見的是腹部不適、肌肉或關節痛、發燒與類流感症狀、失眠等；還有兩種少見但破壞力極強的副作用：肝臟損傷與顎骨壞死，後者據信是因為流入顎部骨骼的血流減少所導致的。無怪乎有70%的骨質疏鬆症患者（包含曾骨折的患者在內）在一年內就停藥了。

更矛盾的是，長期服用雙磷酸鹽藥物可能後患無窮，非典型髖部骨折的風險不減反增。不同於骨質疏鬆症引起的髖部骨折通常發生在股骨的上半部轉折處（股骨頸），非典型股骨骨折通常發生在股骨頸下方的股骨上端。有愈來愈多證據顯示，長期服用雙磷酸鹽藥物，可能會損及骨骼修復小裂縫的能力，導致骨骼變得更脆弱。2017年，「婦女健康倡議」提出結論說，骨折風險高的年長女性服用十年到十三年的雙磷酸鹽，出現臨床骨折的風險，比使用兩年雙磷酸鹽藥物的人更高。

上述的證據使得「婦女健康倡議」的一位研究主持人羅伯・蘭格（第一章描述過他對婦女健康倡議最初報告的批評 P051 ）主張，雌激素是比較好的預防性療方：「不同於與過度骨礦化有關的雙磷酸鹽藥物，雌激素能促進正常的骨質建構。雌激素無疑是因應骨質疏鬆症骨折的有效且能妥善代謝的預防策略，骨質疏鬆症則是會嚴重影響停經女性的慢性疾病。」◀️ 雌激素能促進正常的骨質建構

其他用藥的問題

可以確定的是，製藥業可不會乖乖守著雙磷酸鹽不動。許多藥廠早

已進入預防或治療骨質疏鬆症的競賽了。請看看以下雙磷酸鹽以外的其他藥物。

- 鈣穩（Raloxifene，商品名為易維特〔Evista〕）是一種選擇性雌激素受體調節劑，有些醫師會開給雌激素受體陽性的停經後乳癌倖存者服用，以降低其乳癌復發風險。鈣穩多年來都被用來治療骨質疏鬆症，但研究者早在二十多年前就知道，雖然它能降低脊椎骨折的風險，卻無法減少髖部骨折的風險。在服用鈣穩的4名女性中，有1人左右會有熱潮紅現象，10%到20%的人會出現類流感症狀、鼻竇炎、關節痛、肌肉痙攣。

- 降鈣素（Calcitonin）是甲狀腺分泌的一種激素，有助於調節血鈣與血磷值。通常是鼻噴劑或針劑。它或許有助於減緩骨質流失，但沒有實質證據顯示它能減少骨折風險。

- 特立帕肽（Teriparatide，商品名為骨穩〔Forteo〕）是重組DNA所分泌的一種副甲狀線素，相關研究不多，但早期報告顯示，它能刺激骨骼生長，降低骨質疏鬆症患者的髖部骨折風險。然而，持續以骨穩治療兩年後，其保護功效會逐漸降低。其化學親戚Abaloparatide，經證明能減少脊椎與髖部骨折，但其長期效力如何尚待進一步研究。

- 地舒單抗（Denosumab，商品名為保骼麗〔Prolia〕，或是癌骨瓦〔Xgeva〕）是骨質疏鬆症的合格用藥，可降低因癌症擴散至骨骼所造成的骨折，在減少脊椎與髖部骨折方面，成效與雙磷酸鹽相近，而且必須永久服用，但很少有患者願意這麼做。服用這種藥物的女性，有近半數回報倦怠與虛弱的副作用，20%左右回報呼吸短促、咳嗽、肌肉與關

節痛。接受地舒單抗治療的癌症患者中，有4%的人體內的鈣會下降到危險程度。

　　在開發最佳藥物的所有心血中，益穩挺（Romosozumab）的故事也許最具有啟發意義。益穩挺是由細胞科技公司（Celltech）開發、安進公司（Amgen）行銷的藥品，它會結合並抑制抑硬素（sclerostin），而抑硬素是一種會導致骨吸收（骨質流失）的蛋白質。2017年，《新英格蘭醫學期刊》刊出一項針對這種藥品的研究，激起了一陣熱議，這項研究涵蓋4100名停經後罹患骨質疏鬆症、經臨床判定有脆弱性骨折的女性。隨同發表的，還有一篇評論──〈益穩挺──前途可期，還是刷新做法？〉。受試者被隨機分派到新藥益穩挺或骨穩，連續服用十二個月，再一律服用骨穩十二個月。然後，研究員觀察這些女性在其後二十四個月內出現新骨折的人數有多少，結果似乎真的會「刷新做法」。兩年後，比起僅使用骨穩的那一組（11.9%），先用益穩挺再用骨穩的那一組，出現新脊椎骨折的風險幾乎折半（6.2%），髖部骨折的風險也降低了。

　　這項研究是由安進公司資助。但同一年，美國食品藥物管理局拒絕了藥商申請許可的要求，因為那種藥會提升「嚴重有害心血管事件」的風險。一則新聞報導指出：

　　　　安全顧慮會讓「益穩挺」這個牌子受限，並影響其雄
　　心壯志。「由於這個牌子適合正確的風險利益族群，而且基
　　於與安進的溝通良好，我們終究仍認為，這個藥品的經銷價

值超過五億美元。」傑富瑞（Jefferies）集團分析師余麥可（Michael Yee）在給投資者的說明中寫道。這種情況使得益穩挺成為安進藥品中棘手（或看起來可能會陷入麻煩）的新藥，因為它得試著從看似光明的臨床展望中，轉化出成功的商機。

你了解上述所謂的「雄心壯志」是指什麼嗎？那代表藥廠會再接再厲，直到獲得美國食品藥物管理局的認可。

關鍵要點

雌激素能改善骨骼彈性

雖然我們忙著批評大藥廠急於推出新藥，誇大了效益，卻對風險避而不談，但也留意到，我們所聲援的荷爾蒙補充療法與雌激素替代療法，亦是大藥廠的產物。

握有普力馬林專利六十年的惠氏藥廠上法庭禁止學名藥上市時，我們感到不悅。因為惠氏既然握有這種使用最廣泛的雌激素藥物的專利，就能抬高價格。我們對惠氏及任何其他藥商的類似舉動感到遺憾，但不當的行銷手法不應使我們忽略這種藥的益處，普力馬林的安全性與效力記錄已存在了數十年。

身為執業五十年的腫瘤學家與血液學家，阿夫魯姆深知沒有哪位醫

師能讀遍並評估醫學文獻中的每篇文章，而且有些研究的目的與結論並不一致。以荷爾蒙補充療法對骨骼健康的益處來說，他的結論來自於在生涯中對已發表研究的發現所做的評估、臨床經驗的累積、與受敬重同行的論辯、同儕與患者的持續回饋等的結果。基於現有的認識，他覺得這些結論是確鑿的：

・骨質疏鬆症與其後的骨折及因此造成的失能與死亡，是活到七十、八十、九十歲以後的女性人口增加後，日益嚴重的問題。

・目前，雌激素替代療法或荷爾蒙補充療法，是在預防或減少骨質疏鬆症發展上，具有最少的令人不快或可怕的副作用、效果又最好的介入手法。研究反覆證明，它能減少30%到50%骨質疏鬆症最使人嚴重失能的併發症（即髖部骨折）出現的風險。從絕對數字來看，其減少的幅度深具意義。

・運動也許能改善停經前女性的骨骼強健度與骨折抵抗力，但無法改善未接受荷爾蒙補充療法的停經女性之骨骼強健度與骨折抵抗力。

・數百萬名女性以鈣補充劑來抵抗骨質密度的流失，但補充鈣無法預防停經後女性的骨質疏鬆症或骨折，因為鈣無法改善骨骼彈性。

・雙磷酸鹽是最常用來治療骨質疏鬆症的非荷爾蒙藥物，但它與腸胃不適、倦怠、失眠有關，長期服用的話，還可能增加非典型股骨骨折的風險（儘管罕見），但它也可能造成肝功能衰退的問題或顎骨壞死。

　　預防骨質疏鬆症也許不是女性接受荷爾蒙補充療法的首要與最佳原

因；傑拉德‧N‧葛魯伯與其他反對把女性的日常問題醫療化的批評家是對的，畢竟大多數女性都不會出現骨質疏鬆症，更不會因此死亡。但研究使我們相信，骨質疏鬆風險高的女性一旦過了更年期，就應持續服用荷爾蒙，不該中斷。對於決定接受荷爾蒙補充療法以獲得其他諸多好處的女性而言，骨骼變得強健有彈性，似乎確實是求之不得的副作用。

5

荷爾蒙療法能降低失智風險

如果雌激素在保護腦部神經元與神經膠質細胞上扮演著某種角色，而雌激素的下降是造成女性的阿茲海默症罹患率偏高的主因之一，那就值得我們注意了。

本章重點

除了女性平均壽命長於男性之外，相對於男性而言，女性進入更年期後雌激素水準的急遽下降，是不是造成女性更容易罹患阿茲海默症的原因？

事實上，數十年來，已有大量研究證實，在更年期開始時使用雌激素，或許有助於預防（或起碼能延緩）失智症發病，包括阿茲海默症造成的失智症。

許多大腦與動物研究都支持：雌激素除了能刺激神經元生長，增加神經可塑性——即腦部適應與改變的能力，還能加強記憶力、神經傳遞功能、血流、葡萄糖代謝和神經保護功能等。 P159

而在實驗室之外的真實生活中，也有許多研究證實，雌激素能

加強或維持女性在日常生活中的語文能力、語文記憶、社交與生理功能。 P165

此外，也有許多觀察性研究指出，雌激素使用者罹患失智症與阿茲海默症的風險下降了，雖然下降的比例差異頗大——從24％到65％都有——但基本上都指向：雌激素對於預防或延緩失智症是有助益的。

然而，「婦女健康倡議」在2003年發表的「婦女健康倡議記憶研究」卻指出荷爾蒙補充療法可能會使六十五歲女性罹患失智症的相對風險加倍。很不幸的，這份研究報告就像婦女健康倡議的其他報告一樣，本身就有諸多問題，例如：絕對風險相對地小、研究結論自相矛盾處很多…… P153 ，但即便如此，「荷爾蒙補充療法有增加失智風險」的疑慮，如今仍殘存在許多醫師的腦海中。

至於雌激素會不會導致中風，因而增加女性認知損害的風險呢？「婦女健康倡議」在2004年報告說「有」，指出每年在每1萬名女性中增加12名非致命性中風病例，但實際上它們所使用的是非常廣義的中風定義，也就是說，這樣的中風並未造成任何失能或死亡增加，它們把那些暫時的細微神經功能缺損（一、兩天就會消失、沒有後遺症）也列入病例中。因此，它們這份報告後來遭到許多專家的質疑。從第三章和本章的論述中，我們很有理由相信，雌激素其實有益於預防心血管疾病和中風的。 P169

然而要注意的是，雖然荷爾蒙療法有助於降低各種失智症的風險，但如果女性在接受荷爾療法時就已經有某種程度的失智，她們

接受療法的結果就好壞不一了；短期可能使病情小有改善，長期下來卻反而有害。 P173 因此，如果女性在更年期十多年後，其神經元已經變得不健康，才開始服用雌激素，那麼長期下來反而可能使情況惡化。

　　換句話說，使用雌激素有關鍵時機：女性在進入更年期時就開始服用雌激素，「無縫接軌」地延續腦部接受雌激素的時間，那麼女性在老化時就比較不會有認知衰退的情況。

　　就目前的研究所帶來的結果顯示，要淋漓盡致地發揮「雌激素可降低阿茲海默症風險」的功效，至少要服用十年。至於如果停止接受荷爾蒙療法，雌激素的保護功能是否能延續到更高齡的時期，由於目前尚未累積足夠的研究結果，所以有待觀察。

　　那是個不祥的頭條標題，所以才會那麼聳動。2017年11月19日《紐約時報》的「週日評論」欄頭版，斗大的字體印著「當你知道阿茲海默症找上你時，要怎麼辦？」鉛字副標是「簡單的血液檢查不久將能顯示關於認知健康的驚人消息」。噢，這下可好了。

沒有有效療法能治療失智問題？

　　這篇文章確實吸引了我們的注意力。文中報告，在全球人口中，有四分之一到一半的人到八十五歲時會出現阿茲海默症的病徵，身上帶有一或兩個「E型載脂蛋白第4型基因」（Apolipoprotein E4，縮寫ApoE4）變

體的人風險更高。這篇文章讓人們開始想像，未來也許會出現比基因定序更簡單、更平價的血液檢查，基因定序能從四十歲到五十歲的人當中，辨認出有前期阿茲海默症、只是症狀不明顯的人。

記者帕岡・甘迺迪（Pagan Kennedy）訪問了研究阿茲海默症肇因的科學家，以及那些得知自己有上述基因變體並加入支援團體的人，後者希望以飲食及生活型態的改變來預防或至少減緩該病病程。神經學家大衛・霍茲曼（David Holtzman）研究E型載脂蛋白基因已經有二十五年，卻從未檢測自己是否有E型載脂蛋白第4型基因變體。甘迺迪詢問原因時，他回答說，因為沒有哪種藥物或生活型態計畫能確實保護大腦，所以就算檢測出來，也沒有多大的意義。

阿茲海默症是「失智症」這個大稱號底下囊括的諸多病症之一。女性對於「失去」的恐懼僅次於乳癌：失去記性、失去清晰的思緒、失去言語能力等（當然，男性也同樣恐懼）。人人都變得愈來愈健忘：「鑰匙放到哪裡去了？」「我進這個小房間來做什麼？我要找什麼呢？」認知降速是年事漸高的正常現象；我們記得《成名在望》裡飾演搖滾明星的那位演員叫什麼名字[1]，或是上星期看的是哪一部電影，只是必須花一點時間回想。

這類輕微認知降速可能使人惱怒，也可能令人哭笑不得，但對於進入六十、七十歲的人來說，失智更令人聞之色變。「如果我想不起自己

———
① 主演者是比利・庫達普（Billy Crudup）。

把鑰匙放到哪裡去了，那麼有一天我是不是連鑰匙是用來做什麼的都忘了？」許多人對此驚懼不已，但這是兩碼子事。

失智的徵兆是記憶喪失的情況危及了日常生活，包括了忘記最近得知的資訊與重要日期、反覆要求別人給你相同的資訊、得靠家人提醒你過去能輕易處理的事，但如果僅是暫時忘記名字或約會，最終還是會想起來，那不過是上了年紀的典型變化。

1900年，全美女性僅有5%活到五十歲以上；今日美國女性的平均壽命已達到八十歲。對如今年屆四十五歲的女性而言，人生中罹患阿茲海默失智症的估計風險是每5人中有1人；男性則是每10人中有1人。女性罹患失智症的風險較高，是因為她們的壽命較長，罹患該症的機率會隨著年齡而急遽上升；但即使是將長壽這一點納入控制因素，女性仍比男性更容易罹患失智症。**有三分之二的阿茲海默症患者是女性，六十多歲的女性罹患阿茲海默症的機率比乳癌高一倍。**

由於全體人口的壽命持續增長，活到八十歲以上愈來愈不成問題，所以每年死於阿茲海默症的人數幾乎翻倍，反觀乳癌、攝護腺癌、中風、心臟病等其他疾病造成的死亡人數，卻持續下降。

阿茲海默症協會2017年的一份報告指出，在美國，每66秒就有1人罹患阿茲海默症，若是暫且排除科學新發現可能帶來的進展，到了2050年，每33秒就會出現1個新病例。

由於阿茲海默症患者在疾病出現後，通常仍有四到十年的壽命，就財務與情感而言，家庭和社會要付出的照料成本十分龐大。目前約有550萬名美國人與阿茲海默症共存，其健康照護的總成本，包括長期照料與療

養院服務，已經超出2500億，達到了2590億美元（相較之下，所有癌症加總起來的照料成本還低了1000多億）。

由於阿茲海默症會帶來種種折磨、對患者的家庭造成悲慘與不幸，並造成沉重的財務負擔，也難怪人們會將預防、控制、治療這種疾病視為首要之務。

科學家針對其各種可能肇因進行研究，包括基因遺傳、接觸環境毒素與汙染物、心血管問題、慢性發炎等，但幾乎沒什麼有把握的結論。由於要精確診斷出阿茲海默症，唯一的方法是死後的腦部顯微鏡檢查，所以在世者的疾病診斷並不精確。經證實，阿茲海默症可能是多個疾病的集合，而非單一疾病。

截至目前為止，大衛・霍茲曼對《泰晤士報》採訪記者所說的是正確的：沒有哪種療法能真正有效預防失智症的發展。美國食品藥物管理局准許以某些藥物來緩解阿茲海默症的失智症狀：多奈哌齊（donepezil，愛憶欣〔Aricept〕）、米氮平（樂活優〔Remeron〕）、塔克寧（克腦痴〔Cognex，由於與急性疾病肝損害有關，所以美國已停產〕）、加蘭他敏（利憶靈〔Reminyl〕或Razadyne）、重酒石酸卡巴拉汀（憶思能〔Exelon〕）、美金剛胺（memantine，憶必佳〔Ebixa〕或Namenda）、結合多奈哌齊與美金剛胺的納姆札里克（Namzaric）等。但上述沒有任何藥物能延緩或阻斷阿茲海默症的病程。

2018年，《美國醫學會期刊》刊出了針對另一種新藥「伊達洛匹定」（idalopirdine）的三項國際隨機臨床試驗的不幸結果：這種藥根本就沒有任何療效。

被過度渲染的「婦女健康倡議記憶研究」

真的嗎？

事實上，證據顯示，至少對女性來說，眼前有一種預防失智症的強力藥物存在：雌激素。數十年來的研究證實，雌激素有助於保持停經女性的認知能力、減少其罹患阿茲海默症的風險。

不過，2003年，一支「婦女健康倡議」研究團隊發表了「婦女健康倡議記憶研究」（WHIMS）的結果，指出雌激素加黃體製劑會使六十五歲以上女性罹患失智症的相對風險幾乎加倍，表示這進一步支持了他們提出的警告：荷爾蒙補充療法的風險高過了任何可能的益處。那確實是駭人聽聞！但真的是風險加倍嗎？研究員承認「絕對風險相對地小」。風險是從安慰劑組的1%（2303人中有21人），增加到荷爾蒙補充療法組的1.8%（2229人中有40人）。

真是夠了。歷年來牴觸上述結論的累積知識，都被「婦女健康倡議」一概否決，只為了突顯意義可疑的微小統計發現，而數百萬名女性便從此被擋在荷爾蒙補充療法的潛在益處之外，無法避開伴隨著老化出現的認知衰退現象。

疑點1》參與研究的人數只有預計的一半

話說回來，如果真的「幾乎加倍」，我們就來仔細檢視「婦女健康倡議」上述聲明的根據。研究員一開始的目標令人敬佩：他們從婦女健康

倡議原本人數眾多的較大樣本中，選出8300名清一色六十歲以上的女性，以研究其記憶力（由此可知，她們無法代表總人口中的大多數女性；因為決定接受荷爾蒙療法的女性通常會在進入更年期後便開始服用）。他們打算追蹤這群女性五年，以觀察誰在這段期間出現認知受損的情形，以及荷爾蒙是否增加了這方面的風險。由於人數龐大（8000人以上），所以他們能從中得出具統計可信度的結論。

然而，他們的雄心受挫，因為在「婦女健康倡議」提早中止試驗中有關荷爾蒙補充療法的部分，並在重大新聞中宣稱發現荷爾蒙補充療法會增加乳癌風險時，他們已徵求到4532名女性。在那群人當中，只有61名女性在四年內出現失智症。儘管人數如此之少，可能使其估計受到質疑，但他們不屈不撓地辯護說，數字這麼低「符合這個分群的年齡與預期，即較健康、認知與行為能力較佳的女性，較可能參與這項複雜而積極的臨床試驗」。

疑點2》參與實驗者大都本來就不健康

基於諸多原因，我們很難說這個解釋令人滿意，首先是，樣本中的大多數女性並沒有比較健康（有70%的女性超重或肥胖，一半的人吸菸，且多數有高血壓）。無論在研究期間罹患失智症的女性偏少的原因是什麼，這代表荷爾蒙補充療法組與安慰劑組之間的任何差異（1%對上1.8%），可能具有統計學意義，也可能薄弱到無臨床重要性。

研究者聲稱找出了大象，但仔細檢視後，卻發現不過是一隻老鼠。

我們最喜歡引用的內容是：「婦女健康倡議記憶研究，」作者群開口，但說到一半又停下來，拍拍彼此的背表示祝賀，再接著說：「是第一個以停經女性為對象的雙盲對照長期多中心（雌激素替代療法與荷爾蒙補充療法）研究」，而相較於安慰劑組，雌激素替代療法與荷爾蒙補充療法都「與失智症的發生率增加有關」。這聽起來很不妙，但他們繼續說：「不過，在較小型但較長期、僅以雌激素為主的試驗中，那種關聯並未達到統計上的重要性。」在聽了令人似懂非懂的描述中，他們告訴我們「發生率增加」，但又沒關係，因為對雌激素使用者而言不具統計意義。

那麼，在接受雌激素合併黃體製劑的女性身上又是如何？他們洋洋得意地宣稱相對風險加倍時，也承認絕對風險非常低。接著又再告訴我們，風險的增加是出現在女性接受荷爾蒙補充療法的第一年，顯示許多受試者在研究之初就已經有認知衰退的現象。那意味著研究員很清楚，受試者也許不如他們宣稱的那麼健康。

疑點3》自我矛盾的研究結論

試著釐清「婦女健康倡議」對雌激素與認知功能的相關結論，就像在玩打地鼠：把經過他們渲染的風險從頭上打下去，另一顆頭又從某處冒出來。研究員有時談失智症，有時談輕微認知損害，有時又大筆一揮談起全面認知功能。

有時，他們會從數據中硬擠出一項發現。2004年，研究員先是指出

單是雌激素不會增加失智症風險，接著又把僅服用雌激素的女性與同時服用雌激素加黃體製劑的女性混為一談，也就是說，他們把兩組女性的數據混在一起，藉以得出兩者的失智症風險都略為增加的結果。若僅服用雌激素的女性所面臨的風險並未增加，那結果又怎會如此？

至於「接受荷爾蒙補充療法的女性罹患失智症的風險略為增加」的問題，最牴觸其主張的地方是2003年的那份最早的「婦女健康倡議」報告，其中，荷爾蒙補充療法組出現輕微認知受損的情形並未比安慰劑組更高。這裡的問題是，既然「輕微認知受損」發生在失智症確診之前，荷爾蒙補充療法怎麼可能造成了較嚴重的失智症，卻不會先造成較輕微的認知受損？如果荷爾蒙補充療法真的對大腦有害，輕微認知問題無疑會先出現，對心智的變化發出預警。

隔年的2004年，研究員一定聽到了那聲警示。這次，他們決定仔細檢視女性的「全面認知功能」。他們報告，雌激素替代療法和荷爾蒙補充療法確實與認知損傷有關，但只出現在研究開始前已有認知損傷的女性身上。排除了在研究之初已出現輕微認知損傷的女性後，分析的結果就不再具有統計意義了。

他們寫道，「似乎沒有其他因素能顯著影響（荷爾蒙補充）療法或綜合荷爾蒙療法的療效。在分數超過九十五（認知能力正常）的女性中，平均減少的數值很小，在統計上與零無異。」

其言下之意是：認知功能健康的女性在接受荷爾蒙補充療法後，認知功能不會受損！

那一年，不少醫師開口批評「婦女健康倡議」。

疑點4》不顧專家的批評

　　婦產科醫師里昂・斯佩羅夫指出，在「婦女健康倡議取消的那個雌激素加黃體製劑研究中，失智症增加的情形，僅出現在療程開始時已七十五歲以上的那組女性中」，而婦女健康倡議的新聞稿在描述女性接受荷爾蒙補充療法的失智症風險時，竟對上述發現隻字不提。

　　北德州大學神經學家詹姆斯・辛普金斯（James Simpkins）與米哈凡・辛夫（Meharvan Singh），偕同專門從事雌激素研究的一支神經生物學家、內分泌學家、臨床科學家團隊（包括蘿貝塔・布琳頓〔Roberta Brinton〕、芭芭拉・雪文〔Barbara Sherwin〕、寶琳・瑪姬〔Pauline Maki〕等），在一篇立場書中批評「婦女健康倡議」的主張。他們觀察到，婦女健康倡議的研究結果無異於打臉了十多年來的數百項研究，這些研究顯示雌激素能保護人與動物的腦細胞不受傷害，改善其認知功能，而婦女健康倡議研究員本身也引用了其中多項研究。他們表示，婦女健康倡議在記憶研究中的發現被過度誇大；失智症風險的微幅增加不應套用到各種不同形式的荷爾蒙補充療法上，甚至不應延伸到最可能採用荷爾蒙補充療法的女性身上。

　　還是一樣，「婦女健康倡議」的研究員似乎打定了主意，要以最負面的方式來詮釋其虛無飄渺的發現，方法是操縱數字、重新定義結果（把輕微認知損害重新定義成「全面認知功能」的失智症），並宣稱荷爾蒙補充療法會對所有女性造成認知損傷，而非對年邁且已有認知不足現象的女性才特別有影響。

這一點令人感到特別古怪，因為他們的第一篇文章一開頭便拉拉雜雜地端出了許多研究，來證明雌激素對腦部有保護功效，包括它能降低神經元的流失、改善腦部血流、調節 E 型載脂蛋白基因的表現。最後，「婦女健康倡議」的研究員承認，他們的研究不是為了判定從更年期開始服用雌激素的女性，在十幾、二十年後認知開始衰退或罹患阿茲海默症的風險是否比較低——他們甚至同意，「可能有某段關鍵時期，以荷爾蒙療法來保護認知功能正常運作是必要的。」我們將會在後文談到，確實是如此。 P159

可惜的是，荷爾蒙補充療法會增加失智症風險的疑慮，仍殘存在多位醫師的腦海中，就連如今終於體認到「婦女健康倡議」的其他聳人聽聞的發現有其限制的醫師也不例外。

舉例來說，阿夫魯姆的前患者莎拉（化名）就曾經在信中告訴他說：「我的醫師不開荷爾蒙補充療法給我。雖然現在他同意荷爾蒙補充療法不會造成乳癌，但他又告訴我，婦女健康倡議發現它會提升失智症風險，所以他要保護我。」保護她？這位醫師有好好認識她嗎？如果有，他就會知道莎拉服用荷爾蒙已有多年，而七十八歲的她仍能扛起自己的事業，日理萬機。

究竟是雌激素促使莎拉的心智能運作正常，還是莎拉本身的基因優異、養身有成、生活習慣良好？科學家研究這個問題的方法有三種：一是檢視其腦部在認知功能受損時的解剖與神經學變化，以及雌激素的可能影響；二是進行動物研究；三是進行人體研究，檢視雌激素對女性在真實生活中的思維與各種能力有何效應。

實驗室裡的雌激素與神經可塑性

直到二十世紀的最後三十年，醫學院仍教導學生，人類出生時的大腦神經元（神經細胞）數目有限；包圍著神經元的大量神經膠質細胞（glial cells）除了若有似無地支持神經元，沒有別的功能；神經元不會分裂或再生；每個人每天都會失去數不盡的神經元，而且無可挽回。但現在我們知道，上述主張全都是錯的。

大腦神經元有分裂與再生能力，而且腦部運作不僅要靠神經元，也要靠神經膠質細胞。

「glia」一詞來自於希臘文，意指黏膠，但神經膠質細胞的功能，其實並不僅止於黏合神經元，還要提供神經元諸多營養素、隔離神經元、協助神經元生長、保護腦部不受毒素侵害，並在神經元死亡時清除其細胞碎屑等等。

據發現，神經膠質細胞會演變為神經元。沒有它們，神經元就無法有效運作。

隨著時間累積，神經膠質細胞能協助判定哪些神經連結要加強、哪些要削弱，顯示這些細胞在學習與記憶上扮演著重要角色。[2]

---

② 科學家在過去也認為，人腦含有約一千億個神經元，神經膠質細胞更有其十倍之多。但近年的技術已進展到能一個個計算細胞了，研究者由此大幅降低了數量；成人的腦部含有一千七百一十億個細胞，其中神經元與神經膠質細胞各占一半左右。

雌激素可以加強神經可塑性

　　腦科學最驚人的一項進展，是發現了人腦的神經可塑性，即在人的一生中，神經可以形成新的連結，有時還能補償受傷或疾病的損失。實驗室研究顯示，雌激素可以透過修正腦部的神經細胞結構、變更神經細胞間的溝通方式，進而加強神經可塑性。我們尚不清楚把這項研究運用在真實生活中，效果會如何，但要指出的是，有大量證據顯示，在更年期開始時使用雌激素，或許有助於預防（或起碼能延緩）失智症發病，包括阿茲海默症造成的失智症。第二章曾指出，雌激素量在女性進入更年期後會急遽下降，僅有停經前的1%左右 P080 。如果雌激素在保護腦部神經元與神經膠質細胞上扮演著某種角色，而雌激素的下降是造成女性的阿茲海默症罹患率偏高的主因之一，那就值得我們注意了。

雌激素如何預防或延緩阿茲海默症？

　　我們來思考一下，在阿茲海默症患者腦部發現的種種解剖構造上的異常。雖然研究者對這類異常是否為造成阿茲海默症的直接原因，至今仍莫衷一是，但他們在患者腦部的特定記憶相關區域，找到了病變的地方：

・前額葉皮質（短期記憶的活躍區域，也與制定計畫以及較高的心智功能有關）。
・海馬迴及相關區域（負責學習與提取儲存資訊）。

‧杏仁核（與形成、提取、鞏固情緒記憶有關）。

　　有些人的上述腦部區域雖然出現大量異常，但仍能走路、交談、品嚐食物，只是記不起餐桌對面的人叫什麼名字。

阿茲海默症的病理學發現

　　這類病理學發現包括：

‧神經細胞死亡且密度減少。

‧樹突與軸突減少並退化，這兩者本來應該像章魚腳那般，從神經細胞體中向外延伸，傳遞信號讓神經細胞彼此溝通。

‧突觸（神經元之間的連結）數量減少。

‧神經纖維糾結，這是阿茲海默症的主要標記；這類神經元內的成團纖維糾結，主要是由名為「濤」（tau，編註：tau為tubulin associated unit〔微管蛋白相關單位〕的縮寫）的蛋白質組成，這種蛋白質與在神經元各部分之間傳送營養素有關。

‧出現類澱粉斑塊，這是阿茲海默症的另一個標記（分解後的蛋白質片段成團堆積在神經細胞之間）。

‧神經元中的乙醯膽鹼（acetylcholine）儲量減少。乙醯膽鹼這種化學物質能在腦部的記憶中樞區（尤其是海馬迴），以及影響記憶與情緒的其他區域中，讓訊息從一個神經元跳到另一個神經元。阿茲海默症患者的這種神經傳遞質會減少90%之多。

・神經膠質細胞功能失調。

雌激素能刺激神經元與突觸生長

　　雌激素既是直接也是間接影響著上述所有的腦部解剖層面。它能刺激神經元與突觸生長，增加神經可塑性，即腦部適應與改變的出色能力。這是因為，雌激素受體位在腦部各處，尤其是海馬迴與其他學習及記憶的相關區域。

　　伊莉莎白・古爾德（Elizabeth Gould，任職於普林斯頓神經科學研究所）等神經學家發現，雌激素以各種方式影響著記憶、老化、退化性疾病的相關腦部機制。例如，在一項早期研究中，古爾德與同僚發現，將成年母鼠切除卵巢，使其循環雌激素濃度急速下降後，會導致母鼠的海馬迴內神經元樹突大幅減少。若是將母鼠切除卵巢後再給予雌激素，無論有無加上黃體素，上述的減少情形就不會發生。其他研究同樣發現，母鼠接受雌激素後，其海馬迴內的突觸數量會增加，使牠們能較快學會如何跑出迷宮（並記得食物在哪裡），牠們的神經元，尤其是與記憶有關的神經元，較能在正常老化或暴露於毒素中時存活下來。以雌激素治療母鼠，能延長其存活率，改善其空間識別記憶，減少其神經元中的類澱粉蛋白質量。

　　同領域的另一位首席神經學家蘿貝塔・布琳頓在亞歷桑納大學進行了一項實驗室研究，觀察女性腦部的老化情況，尤其是如何預防或延緩阿茲海默症。在針對接受雌激素治療的細胞與未接觸雌激素的細胞進行比較時，她發現，在雌激素治療組中，樹突與軸突的生長顯著增加，腦細胞之間的連結也變強了。

雌激素對腦部的其他益處

雌激素對腦部的益處還不止於此。

- 雌激素能增加合成乙醯膽鹼所需的酶量。
- 雌激素能刺激神經細胞生長，協助軸突再生，減少神經細胞在阿茲海默症中的死亡。
- 雌激素使腦細胞更能對神經生長因子（NGF）的效應產生反應、更敏感。神經生長因子是一種負責新神經元發育、促進成熟神經元健康的蛋白質，能增加神經細胞的增生與密度，刺激樹突與軸突發育。神經生長因子是義大利神經生物學先驅麗塔・列維－蒙塔爾奇妮（Rita Levi-Montalcini）及其同僚史坦利・科恩（Stanley Cohen）在1950年代發現的，兩人因此獲得諾貝爾獎。
- 雌激素能降低 β 類澱粉蛋白質的產生，這正是在類澱粉斑塊中累積的物質。雌激素也能保護腦細胞不受 β 類澱粉蛋白質傷害。
- 雌激素能預防濤蛋白質的積聚。
- 雌激素能加強神經膠質細胞的活動。
- 雌激素能增強神經元抵擋毒素傷害的能力，其中一種方式便是刺激神經膠質細胞去調節腦損傷後的發炎反應。
- 雌激素能改善腦部血流。當女性因疾病或手術而使雌激素濃度降至谷底時，其血流模式會類似輕度或中度阿茲海默症患者。一項研究發現，以雌激素來治療，可逆轉這類有害的血流變化，僅需六週就能使其恢復正常模式。

- 雌激素能避免鈣在細胞中堆積而造成危險，進而保護神經細胞。
- 雌激素能促進腦部對葡萄糖的攝取及代謝。女性進入更年期、雌激素開始下降後，腦部的葡萄糖量也隨之下降。這一點為何重要？雖然腦部僅占人體體重的2%，卻會消耗20%以上的體內葡萄糖，做為其所需能量的燃料。

　　神經心理學家蘇珊‧蕾絲尼克（Susan Resnick）、寶琳‧瑪姬及其目前在美國國家老年研究所的同僚，以正子斷層造影追蹤了32名女性在接受語文及視覺記憶測驗時的腦部血流，其中15人正在服用雌激素，另外17人則無。[3]

　　結果發現，雌激素使用者的海馬迴及腦部的其他記憶相關區域血流增加了。這證實了雌激素對腦部具有生物效應，支持著有關女性記憶測驗表現的行為證據。

　　瑪姬對美國心理學會的採訪者表示：「我們發現它對海馬迴有影響，這一點特別振奮人心。」研究員的結論是，上述發現的血流變化顯示，雌激素是保護人記憶不流失的一條路徑，而這絕非唯一一條路徑。

　　總而言之，腦部與動物研究皆支持以下結論：雌激素能加強記憶力、神經傳遞功能、腦部可塑性、血流、葡萄糖代謝、神經保護等功能。

――

③ 正子斷層造影研究與其他生理學測量法既花錢又耗時，所以研究者通常得以小樣本數來測試其初期假設。文中研究者的目的是辨識出認知技能或弱點的生物學基礎。

這是個好消息，但如果女性服用雌激素的時間長到超過實驗室研究期間時，是否也是如此？

真實生活中的雌激素與認知功能

1952年，在觀察雌激素對女性認知功能有何效應的最早對照研究之中，貝蒂・麥當勞・考德威爾（Bettye McDonald Caldwell）與羅伯・I・華生（Robert I. Watson）以28名平均七十五歲的養老院女性為對象進行試驗。他們讓受試者進行兩項公認有效的語文與其他認知能力測驗：魏氏智力量表與魏氏記憶量表，再隨機安排為她們注射荷爾蒙或安慰劑，每週一次，長達一年，並於一年後再度進行前述測驗。結果令人印象深刻：

注射雌激素一年的女性，在智力與記憶測驗中的語文智商分數顯著提升；至於注射安慰劑的女性，在兩項測驗中的語文能力都顯示下降。又過了一年，待雌激素消退後，所有受試女性的分數又掉回原先的基準，顯示雌激素**僅能**在注射期間加強其記憶力。 ◀ 在補充雌激素期間有益於增強記憶力 ▶

1973年，在另一項以七十五歲養老院女性為對象的研究中，赫爾曼・坎托爾（Herman Kantor）及其同僚隨機讓25名女性每日使用普力馬林，另外25名則每日使用安慰劑，前後持續三年。每三個月，他們會以「醫院調適量表」來比較兩組的分數，測量她們在三個範疇的行為：溝通與關係、照顧自己的能力、工作活動。普力馬林組的分數在十八個月中穩定增加，而且在研究期間持續保持穩定；安慰劑組的分數則隨著時間逐漸下降。這些控制良好的研究是第一份強力證據，顯示在實驗室之外，雌激

素能加強或維持女性在日常生活中的語文能力、語文記憶、社交與生理功能。 **雌激素能加強或維持年老女性的認知能力**

其後數十年,大型研究與其他類型研究的證據逐漸增加,其中最早的是1988年心理學家芭芭拉·雪文在麥基爾大學的一項開創性研究。目前已退休的雪文,數十年來都在研究雌激素對女性認知功能的影響,她的三項早期研究的影響尤其深遠。在第一項研究中,她以切除了卵巢與子宮的女性為研究對象,因為其雌激素量很低。她隨機分派部分女性接受雌激素,其他人則接受安慰劑,很快就察覺了兩者之間的重大差異。「手術後服用安慰劑的女性,經常抱怨事情記不住,必須寫字條記下來才行,但她在過去根本不用這麼做。她們的語文記憶測驗分數也偏低。」她這樣告訴一位麥基爾大學的記者。

其中一項測驗要她們閱讀一個長度適中的段落,然後回想內容,以評量她們的短期記憶。接著再請她們去做其他事情,過了一、兩個小時後再回想同一個段落,以評量她們的長期記憶。結果發現,手術後接受雌激素替代療法的女性,在語文記憶與其他認知功能的測驗上,表現均比服用安慰劑的女性更佳。 **雌激素能使切除子宮和卵巢的女性維持語文記憶和認知功能**

幾年後,雪文與同事史都華·菲力普斯(Stuart Phillips)對於因良性疾病而切除子宮與卵巢,身體其他部位健康的女性進行研究,請她們在手術前進行一連串記憶測驗,並在手術後接受雌激素或安慰劑注射兩個月後,再接受一次測驗。接受雌激素注射的女性,若非保持在手術前的認知基準,就是在某個測驗中的成績改善了;注射安慰劑的女性則在大多數語文測驗中表現下滑。 **雌激素能使切除子宮和卵巢的女性維持語文記憶和認知功能**

在第三項研究中，雪文與研究科學家暨麥基爾大學婦產學系主任托加斯・圖蘭迪（Togas Tulandi）合作，以19名曾接受良性子宮肌瘤治療的停經前女性為對象進行研究（進行醫學研究時，有大樣本數很好，但不是每次都能取得大樣本，這時就得從現有的樣本中盡量獲得資訊。畢竟沒有哪個地方有子宮肌瘤銀行，讓你能取出1000名女性樣本）。研究員每四週就為受試者注射一次能阻斷卵巢分泌雌激素的柳菩林（Lupron），持續十二週。接著她們被隨機分派到「回加（add-back）雌激素組」或「安慰劑組」，每週接受注射，持續八週。

從接受治療前到注射柳菩林十二週後，她們的語文記憶測驗分數逐漸下降，但在後來接受回加雌激素的那組女性中，記憶缺失現象卻逆轉了。◀雌激素有益於女性的語文記憶

這些發現「強烈顯示雌激素有助於維持女性的語文記憶」，研究員下結論道。對於服用抑制雌激素之藥物的女性及更年期後的女性而言，回加雌激素療法對維持記憶力可能很重要。

還有許多研究追蹤受試者的時間更長，以觀察女性補充或未補充雌激素的影響。哥倫比亞大學阿茲海默症研究中心生物統計學家湯明新（Ming- Xin Tang，音譯）及其同僚，追蹤了1124名在研究展開時沒有阿茲海默症的年長女性（平均年齡七十四歲），這些人也同時參與紐約市一個社區的老化與健康縱向研究。研究員控制了種族、年齡、教育、E型載脂蛋白第4型基因變異等因子。

這是一份觀察性研究（意味著受試女性不是隨機分派到雌激素組或安慰劑組），但結果仍非常值得玩味：在服用雌激素的女性中，罹患阿茲

海默症的風險大幅降低了60%以上。雌激素組僅有5.8%（156人中的9人）罹患阿茲海默症，安慰劑組則有16.3%的女性（968人中的158人）罹患阿茲海默症。▇雌激素大幅降低阿茲海默症風險◣

　　除此之外，研究人員還觀察到：在雌激素組中，阿茲海默症的發病年齡也比安慰劑組更晚。

　　世界各地的諸多研究，也重複出現上述結果：

- 美國：一項研究追蹤8877名退休社區的女性長達十四年，發現雌激素使用者罹患阿茲海默症的風險減少了45%。▇降低阿茲海默症風險◣
- 義大利：一項以2816名女性為對象的人口研究發現，雌激素使用者罹患阿茲海默症的風險降低了70%。▇降低阿茲海默症風險◣
- 丹麥：一項大型隨機對照試驗「前瞻性流行病學風險因子研究」發現，相較於從未接受荷爾蒙治療的安慰劑組，隨機接受荷爾蒙補充療法兩到三年的那組女性，在五到十五年後出現認知損傷的風險下降了64%。
  ◢降低認知損傷風險◣

　　在上述與其他的研究當中，失智症與阿茲海默症的風險下降的比率差異頗大——從24%到65%都有——但是全部都指向同一個大方向：雌激素是有助益的。而在2000年與2001年，「婦女健康倡議」在發表第一篇研究前不久，也曾經針對現存研究的三項大型統合分析提出過結論：整體而言，荷爾蒙補充療法與失智症風險下降34%、阿茲海默症風險下降近40%有關。

雌激素會增加中風風險嗎？

另一種令人聞風喪膽的認知損傷形式來自中風；由於腦部的血流供應減少，導致腦部組織的功能喪失。數十年來，人們已知停經前女性的中風機率比同齡男性更低，但女性在更年期之後，每年的中風風險便呈指數增長。那種保護力降低的情形，也出現在還不到更年期就失去雌激素的女性身上。

前文指出，良好的觀察性研究經常能得出與隨機對照試驗相同的結果，但並非總是如此。對於任何既定的醫療疑慮，我們的目標是從林林總總的方法中，辨認出一個整體圖像。因此，以下我們就來看看停經女性接受荷爾蒙補充療法後的中風風險圖像。

早期的觀察性研究結果好壞參半。有些發現荷爾蒙補充療法會降低中風風險，有些則發現荷爾蒙補充療法根本毫無助益；也有一些甚至發現風險上升。影響上述結果的一個因素是：她們開始接受荷爾蒙治療時，是否已經有心血管疾病了？幸運的是，有兩項隨機對照試驗協助回答了上述問題。

其中一項研究的對象是2763名在試驗開始時已知有心臟病、平均六十七歲的女性，追蹤她們平均四年後，在2001年發表結果；該試驗發現，隨機接受荷爾蒙補充療法的女性，其中風風險並未比安慰劑組更高。同年，第二項隨機對照試驗以664名在試驗開始時平均七十一歲、有中風史的女性為對象，平均追蹤她們近三年，結果發現僅接受雌激素治療的女性，中風機率與接受安慰劑的女性沒什麼不同。◀雌激素沒有增加中風風險

接著，在2004年，加奈特・安德遜與「婦女健康倡議」小型指導委員會的其他人宣布，由於使用雌激素的話，每年會在每1萬名女性中增加12名非致命性中風病例，所以他們中止了「僅使用雌激素」的那一部分研究。這和他們在2002年的發現一致，但顯然當時他們還不擔心這一點；等到兩年後，他們才發出警示，並以「我們中止了研究！」再度登上新聞頭條。

幾乎在同時，一群獨立研究員發表了強烈不認同上述決策的異議。倫敦帝國學院國立心肺研究院的凱特・瑪克拉蘭（Kate Maclaran）與約翰・史蒂文森（John Stevenson）觀察到，指導委員會對中風風險的疑慮並不是在「婦女健康倡議」本身的數據安全與監測理事會的建議下提出的，而是由先前那個發出警訊說荷爾蒙會提升乳癌風險，導致虛驚一場的同一個內部團體提出的。

事實上，上述的「婦女健康倡議」小組並未發現任何嚴重中風導致失能或死亡增加的情形。反之，他們使用的是極為廣義的中風定義，囊括暫時的「細微的神經功能缺損」，這種狀況在一、兩天就會消失，而且沒有後遺症。有些流行病學家主張，這種引人注意的小增加是在「偵測偏差」（detection bias）下人為產生的，也就是說，由於2002年的研究使得接受荷爾蒙補充療法的女性對荷爾蒙的可能負面效應變得異常敏感，因此她們對任何神經症狀都無比警覺（比方說，如果我們告訴你，你額頭上的一顆小青春痘可能是某種危險寄生蟲造成的，那麼只要有小痘子冒出來，你都會非常留意）。

喬治・馬斯特拉柯斯（George Mastorakos）在希臘國立雅典大學率領

的一支醫師團隊，重新分析了假定荷爾蒙會提升中風風險的種種發現，並在《紐約科學院年報》中發表研究結果：〈婦女健康倡議研究的陷阱〉。他們在重新分析時，控制了偵測偏差及彷彿顯示有危險的統計操縱，結果是，原先以為會有的中風風險增加情形，便消失無蹤了。

馬斯特拉柯斯非但不支持「婦女健康倡議」中止研究的決策，更和同僚提出結論：「細看婦女健康倡議那場試驗的結果就會發現，『使用荷爾蒙補充療法五年』不應被看成是有害地助長了乳癌、心血管疾病、中風、肺栓塞出現。」他們接著說，這種療法應依病人的條件量身打造，為了謹慎起見，有乳癌家族史、確診有冠心病或先天容易出現深部靜脈栓塞的女性，應接受較密集的追蹤，以檢視是否有任何上述潛在併發症惡化的情況。

同樣的，華盛頓大學聖路易分校醫學院高齡者健康中心主任史坦利・博吉（Stanley Birge），也對某些醫學會的立場表示遺憾，因為它們「堅持建議不應使用荷爾蒙療法來預防心血管疾病與骨質疏鬆症」，理由是荷爾蒙會提升中風風險。他指出，這些醫學會提出的建議不佳，因為它們憑藉的是婦女健康倡議對研究發現的錯誤詮釋。之所以會出現風險的微小提升，最有可能是因為那些女性已經年逾六十歲、超重、有高血壓又吸菸，所以本來可能就有某種程度的動脈粥狀硬化疾病。

博吉的結論是，對這類女性而言，使用荷爾蒙確實可能在頭兩、三年使風險稍微提升，但是，他接著說：「對於進行荷爾蒙療法五年以上的女性，以及沒有（預先存在的血管）疾病的年輕女性，並沒有帶來負面效果的風險。」

再提一點，2015年哈佛大學心血管醫學系的亨利・伯德曼（Henry Boardman）率領團隊進行的一項考科藍（Cochrane）分析，並未發現六十歲以前開始服用荷爾蒙的女性有中風風險增加的情形。「考科藍報告」被公認為醫學文獻中聲望最高的研究發現之一，因為其本意是對其醫學議題做出公正、獨立的評價（阿奇・考科藍〔Archie Cochrane〕是一位英國醫師，曾與希爾共事，並於1972年出版了一部論醫學證據重要性的著作，影響深遠）。

　　伯德曼等人分析追蹤了有關接受荷爾蒙療法或安慰劑的女性六個月以上的隨機對照試驗資料庫（共十九項試驗，涵蓋超過4000名女性）。依據其報告，相較於接受安慰劑或沒有接受任何療法的女性，<u>進入更年期後十年內開始進行荷爾蒙療法的女性，死於心血管疾病的機率較低，冠心病的罹患率也較低</u>。◆進入更年期後十年內補充雌激素有益於女性心血管健康

　　這群考科藍科學家發現，「沒有強力證據顯示（荷爾蒙）會影響該組女性的中風風險。」他們發現，即使女性在進入更年期十年後才開始服用荷爾蒙，「品質優良的證據顯示，（荷爾蒙）對兩組的死亡率或冠心病差異沒有影響。」不過，這份考科藍報告發布的一項發現，也成為現今仍有許多醫師擔心荷爾蒙補充療法會提升女性中風風險的原因──因為研究員發現「進入更年期十多年後才開始服用荷爾蒙的女性，中風風險會增加」。

　　「中風風險會增加」這個發現是怎麼來的？考科藍報告再優秀，頂多只會跟它所依據的數據一樣好，而這項發現深受文獻中最大型的隨機對照試驗影響，即「婦女健康倡議」研究。

機會之窗：補充雌激素的關鍵時機

今日研究雌激素與腦部功能的首席科學家，大多已將問題推敲得更細緻。就像他們在評估雌激素對心臟病有何風險與益處時所下的結論，他們建議該問的問題已不再是「雌激素有無幫助」，而是「它能幫到誰、在何時能幫上忙」。

神經學家蘿貝塔・布琳頓這樣總結自己的觀點：大體而言，女性在進入更年期時開始服用雌激素或展開荷爾蒙補充療法，能降低其罹患各種形式失智症（包括阿茲海默症）的風險，但針對那些接受雌激素治療時已有某種程度失智的女性所做的研究，則得出好壞不一的結果。

舉例來說，在一項給予七十二歲以上的阿茲海默症女性患者服用雌激素的隨機雙盲臨床試驗當中，短期——兩個月——使用雌激素會使病情小有改善，但長期——十二個月——使用反而有害。其他研究的結果也相近，一項追蹤凱薩醫療機構5500名患者病歷的回顧評論發現，在更年期前後開始服用荷爾蒙的女性，能降低26%日後罹患失智症的風險，但是，如果更年期過後很多年才開始服用荷爾蒙的話，反而會使風險增加48%。

> 更年期前後服用荷爾蒙能降低失智症風險，更年期後多年才服用會增加風險

布琳頓提出結論，「神經狀況是從健康變得不健康的，對應這段發展，雌激素或荷爾蒙療法的好處也是從有益變得有害。如果神經元在接受雌激素療法之際是健康的，那它對雌激素的反應便有益於神經功能與存活率。」但如果女性在更年期十多年後，其神經元已經變得不健康時，才開始服用雌激素，那麼長期下來，可能反而會使狀況惡化。

芭芭拉・雪文的結論也是如此：從基礎神經科學、動物實驗、人體實驗得出的證據，強烈顯示有所謂的「關鍵機會之窗」。她在一篇為加拿大更年期與骨質疏鬆症共識大會所寫的文章中，提到：「雌激素替代療法能預防年長女性隨著正常老化而出現的認知惡化問題。也有強力證據顯示，雌激素替代療法能預防或延緩女性容易在基因或環境因素風險下出現阿茲海默症的情形。」但她接著說，對於已確診有阿茲海默症的女性而言，沒有證據顯示雌激素能緩解或減輕病情。

因此，雪文表示，如果女性在進入更年期時就開始服用雌激素，「無縫接軌」地延續腦部接受雌激素的時間，那麼老化時就比較不會出現認知衰退現象。然而，一旦她們停用荷爾蒙補充療法或雌激素替代療法，雌激素的保護功效能不能延續到更高齡的時期，就有待觀察了。

目前，以進入更年期後三十年的女性為對象的優良研究，還不夠多到能確認結果如何，未來也不可能會有這類大型隨機對照試驗出現。

雪文希望動物實驗及「用創意對人類提出相關問題，能在未來提供一些答案」。

目前一些研究帶來的前景顯示，要淋漓盡致地發揮「雌激素可降低阿茲海默症風險」的功效，至少要服用十年。寶琳・瑪姬也建議以「機會之窗」的假設，來協調「婦女健康倡議」的主張與其他許多研究結果相互衝突之處。

瑪姬觀察到，顯示認知功能改善的研究，評估的是在更年期接受雌激素的女性，但像「婦女健康倡議」那類顯示認知功能沒有改善的研究，則是評估過了更年期多年後才接受荷爾蒙補充療法的女性。在五十多歲到

六十歲出頭那段時期開始接受荷爾蒙補充療法的女性，獲得的功效最顯著；至於六十幾歲才開始接受此療法的女性，荷爾蒙對其罹患阿茲海默症的風險則沒有什麼增減影響。

縮寫名稱令人難忘的「記憶、腦部功能與雌激素替代療法」研究（Research into Memory, Brain Function and Estrogen Replacement，縮寫為REMEMBER）也同樣發現，對於年逾六十歲的女性而言，接受荷爾蒙療法的時機，是判定雌激素能否改善其日後認知功能的重點。

？其他的方法有效嗎？

其他改善認知功能的選項有效嗎？

美國人大多不太能接受現有藥物延緩不了（遑論治癒）阿茲海默症及其他失智症的事實。這種不快使他們容易受誘惑，把一些說得簡單但未經測試的成藥與承諾當真。

聊勝於無的其他藥物

2017年，聯邦貿易委員會控告暢銷補充劑普力瓦根（Prevagen）的製造商做不實廣告，宣稱該補充劑能增進記憶力，「進入腦部」改善認知功能。據稱，普力瓦根是以水母蛋白質製成，由於是暢銷產品，所以有能力在有線電視新聞網（CNN）、福斯新聞頻道（Fox News）、國家廣播公司（NBC）等電視頻道大打廣告，強力促銷。

聯邦貿易委員會消費者保護局局長說道：「製造普力瓦根的藥廠，緊緊抓住了高齡消費者恐懼因年齡而流失記憶力的心態，但這群行銷者忘記了一件關鍵的事，那就是他們的主張得要有真實的科學證據支持才行。」然而，實際上並沒有相關證據（政府提出的控告被初審法院駁回，但仍在上訴）。

因應阿茲海默症症狀，最常被開立的藥物是愛憶欣與樂活優，這讓患者、醫師與患者家人欣慰地以為有藥物能改善病情。但遺憾的是，那些藥物的效用聊勝於無，而且價格還比普力瓦根昂貴得多了。

對生活型態療法過於樂天

那麼，還有什麼方法有幫助？

熱門作家提出了各式各樣的溫和介入手法：吃富含抗氧化劑的飲食、減輕壓力、玩填字遊戲等刺激心智的活動、定期運動等。

在梅奧診所的網站，你會發現更多這類樂天的萬用建議：「據發現，定期運動及採用步行計畫能預防認知衰退。」提出這項建議的人，顯然忘了呼應網站上另一位醫師對於「有任何策略能預防阿茲海默症嗎？」這個問題的回答：「還沒有。」這位醫師承認，在將任何建議視為經證明的策略之前，「還需要更多研究。」接著他表示，通常會建議人們要——維持健康的生活型態；定期進行體能活動，尤其是有氧運動；採用健康的地中海飲食，多吃蔬菜與橄欖油；保持大腦活躍（多做填字遊戲）；不要抽菸；控制血壓與膽固醇；多動腦（套句流行語：「要活就要

動」，但老年醫學專家往往會灰心地加上一句：「如果你動不了，那就沒辦法了。」）

我們對飲食健康、橄欖油、心智與身體運動，都沒有意見，但要說哪一種才是真正能有效減緩或預防女性晚年認知衰退與失智症的手法，上述方法都不比雌激素有效。

心智訓練並未帶來奇蹟

現今的醫學界會勸人們將大腦看成一條肌肉，可以藉由運動來保持它結實不鬆垮。記憶練習是現今的心智舉重，由此出現了許多線上療程，協助人們加強其工作記憶（working memory），這是負責儲存與操縱資訊的心智系統之一。

工作記憶訓練起源於1999年，當時認知神經學家托克爾‧克林貝里（Torkel Klingberg）寫了一個電腦程式，以協助注意力不足過動症的兒童學習專注。2001年，他成立自己的認知醫學公司（Cogmed），針對有注意力不足問題的兒童進行研究，且成果令人期待。由於該公司取得早期的成功，人們自然希望它對其他工作記憶缺損的問題，如輕微學習困難、中風到其他類腦損傷等，也有幫助，能夠改善這類患者的推理能力、日常生活中的注意力缺失、回想能力等。

令人失望的是，後來並沒有出現可喜的消息。奧斯陸大學特殊需要教育系的莫妮卡‧梅兒碧－勒維格（Monica Melby-Lervag），與同僚湯瑪斯‧S‧雷迪克（Thomas S. Redick）、查爾斯‧休姆（Charles

Hulme），發表了一份針對多項工作記憶訓練研究（八十七部出版品，涵蓋一百四十五項實驗比較）的統合分析。他們指出，所有研究都採用了前測／後測法及對照組，用意是觀察工作記憶訓練是否有助於短期回想能力、是否能轉移到其他心智能力上。典型情況是，訓練一結束，人們在近轉移（near transfer，譯註：指將從訓練中學到的行為直接運用於另一個情境）中的表現改善了，也就是說，他們能現學現賣，做出才剛學會的事。多玩填字遊戲，你對這類遊戲就能更上手。不幸的是，對遠轉移（far transfer，非語文能力、語文能力、字詞辨識、閱讀理解、算術等）來說，研究者發現「沒有任何有利的證據顯示，工作記憶訓練比對照組更能帶來可靠的改善……工作記憶訓練計畫似乎能產生短期、特定的訓練成效，但無法延用來培養『真實世界』的認知技能。」

真是糟糕！

喬治亞理工學院記憶科學家蘭道・W・恩格爾（Randall W. Engel）及其實驗室，也發現了同樣的結果。他們在自己的統合分析評論中提出結論：「沒有良好的證據顯示，工作記憶訓練能改善智力測驗成績或其他『真實世界』的認知技能表現。」該實驗室的另一位認知心理學家湯瑪斯・雷迪克（Thomas Redick），也仔細檢視了五項宣稱工作記憶訓練有益的研究，也有同樣的發現：進行這類手法後所顯現的效益，在幾個月後就消失了。

上述發現在2016年的一份統合分析中獲得延伸與確證，這項分析中的各項「大腦訓練計畫」特別聚焦於認知任務或遊戲能否加強對其他任務的表現。很遺憾，結果是不能。

經顱直流電刺激術也看不出效益

好吧，我們先把心智訓練擺一邊，那麼腦部鍛鍊如何？

現今，愈來愈盛行以「經顱直流電刺激術」（tDCS，一種以電流刺激某些大腦區域的非侵入性技術），來處理減輕憂鬱、改善認知能力等形形色色的問題與障礙。

但是，斯德哥爾摩市的卡羅林斯卡學院研究員卻發現，在老年人專注於工作記憶訓練時，使用經顱直流電刺激術來刺激其腦部，對他們來說並沒有什麼助益。

他們徵求了123名、年齡在六十五歲到七十五歲之間的健康成人，參與為期四週的訓練療程。受試者在研究開始和結束後都會接受一連串認知測驗。部分受試者會接受二十五分鐘的經顱直流電刺激術，刺激其在工作記憶上扮演著核心角色的前額葉皮質；其他受試者則以為自己也接受了二十五分鐘的直流電刺激，但其實僅接受三十秒。結果是，前者的認知技巧表現並沒有比接受假治療的後者更好。研究員將這項研究的數據結合其他六項研究的發現時，再度發現工作記憶訓練結合經顱直流電刺激術，沒有任何額外效益。

研究員的結論是，研究界與媒體都不禁希望經顱直流電刺激術能安全有效地改善認知功能，「或許是受了這種不加節制的樂天所啟發，現今有愈來愈多大眾以經顱直流電刺激術，來促進其工作或玩線上遊戲的表現，還有網路社群會提供購買、裝配、使用經顱直流電刺激術的建議。不令人意外的是，商業開發正迅速成長，以迎合大眾對於以經顱直

流電刺激術促進認知表現的新需求，但賣方或製造商往往缺乏任何可支持其主張的人體實驗。」

無法精確測量運動預防腦部退化的效益

如果心智與腦部鍛鍊無助於記憶力與其他認知能力，那麼體能鍛鍊如何？

體能鍛鍊通常被認為是失智症的有效預防手段，但請大家留意，梅奧診所的這段建議有多語焉不詳：「要做多少體能活動才能改善記憶力或延緩認知衰退的進程，尚待更多研究。儘管如此，定期運動對保持身心健康來說很重要。」其言下之意是：運動很好，認為運動能延緩認知衰退的進程、為腦部帶來其他好處，也很合理，但我們還不知道這需要做多少運動，或是哪種運動更有幫助。不過，做了再說吧。

我們同意上述的觀點。但熱中於皮拉提斯、舉重、步行，而且早已錯過採用荷爾蒙補充療法的機會之窗的卡蘿，仍指派本書的共同作者梳理文獻，尋找運動能預防大腦退化的任何其他證據。

有數百篇文章宣稱，證實了運動有助於預防認知功能衰退，但即使是其中寫得最好的十篇，也禁不起仔細檢視。

有些作者引用的是他人的主張，而非親自進行研究。有些研究則仰賴受試者回憶自己多年前做了多少運動（或想起自己做過運動），但人人皆知自我報告根本不可靠。有些研究所測量的運動，在頻率（從每週一次到每天一小時以上）與強度（從自椅子上起身，到積極步行或跑步）上大

相逕庭。或者，運動已經混入其他風險因子中了，尤其是肥胖、糖尿病、教育程度低、憂鬱等。

在這些研究中，要精確測量運動的效果並不容易，而在認知衰退上也是如此，很難從輕微到嚴重的尺度中做出判斷。

然而，這類因素的複雜程度，卻仍未阻止記者寫出「只要……就好了」這類頭條標題，英國《每日電訊報》的這則新聞就是一例，它對一項新研究的總結是：「每週運動一個小時，就能使失智症風險減半。」但願如此！

由於動物研究顯示，運動確實對腦部的神經與血管有益，研究者仍持續努力將那類變化連上認知能力。2014年，有研究者對四十七項縱向研究進行統合分析，這些研究皆是在追蹤體能活動對認知衰退與失智症的影響。結果發現，「相較於體能活動偏少的人，體能活動偏多的人認知衰退的風險降低了」。整體而言，風險降低了多少？18%（這不可小覷，站起來動一動吧）。

不幸的是，研究做得愈好，這類發現的成果就愈弱。

時間拉近，在2018年1月的《內科學年刊》中，蜜雪兒‧布拉茲約（Michelle Brasure）及其在明尼蘇達大學與布朗大學的同僚，回顧了三十二項試驗，其主題是評估體能鍛鍊能否有效減緩健康成人的認知衰退、延後認知損傷及失智症發病時間。研究員的結論是：「由於證據不足，所以無法得出有氧訓練、阻力訓練或太極拳能否有效改善認知能力的結論。」有些介入手法是有幫助的，但「不論是哪種體能活動的介入，皆無法充分證明其能有效預防失智症」。

雌激素有助於維持認知能力

　　芭芭拉・雪文在展開日後長達數十年的更年期、荷爾蒙、記憶研究時，曾害怕媒體會將她的發現轉化為流於簡單的忠告，甚至用來滋生那種「停經後女性的認知能力便會下降」的厭女觀點。不過，她仍告訴母校麥基爾大學的記者，她的目標始終是盡量協助女性活出愉悅而有建樹的人生，所以她對於只因感覺「不自然」而摒棄荷爾蒙補充療法的人沒什麼耐性。「活到八十歲就是很不自然的事了。」她說。女性在更年期後還會活三分之一到一半的歲數，如果雌激素有助於保護認知功能、抵擋阿茲海默症，那是再重要不過的資訊。但雪文從來不是「青春永駐」的擁護者。「改善生活品質和擺脫老化現象，不是同一回事。」她說。

　　綜上所述：我們有很好的理由相信，雌激素有助於維持認知能力、預防心血管疾病（如第三章所見）與中風，還能降低阿茲海默症的風險。

- 雌激素能刺激神經細胞生長，使軸突再生，減少阿茲海默症發病造成的神經細胞死亡。它讓腦部細胞對神經生長因子的效應更敏感，還能減少阿茲海默症的相關物質產生，例如 β 類澱粉蛋白質與濤蛋白質。
- 雌激素能減少血管收縮素（使血管收窄的物質）量，增加血管擴張素（使血管擴張的物質）量；增加腦部血流；抑制與動脈粥狀硬化的早期階段有關的發炎物質。

- 雌激素能加強神經元歷經各種生理損傷（如疾病與腦傷）後，活下來的能力。

- 婦女健康倡議並未發現僅接受雌激素的女性罹患失智症或認知損傷的風險提升。至於接受荷爾蒙補充療法的女性，風險則稍有提升，但前提是她們本來就有認知損傷的現象，或是過了更年期很久之後（七十五歲以上）才開始接受荷爾蒙治療。

- 婦女健康倡議並未發現雌激素會增加那些進入更年期不久、血管健康良好的較年輕女性中風的風險，但會增加那些年逾六十歲、超重、有高血壓、抽菸（因此本來就可能有某種程度的動脈粥狀硬化疾病）的女性中風的風險。

- 就如雌激素對心臟與骨骼有益，要讓雌激素發揮長期的認知功效，似乎有一扇機會之窗：在更年期開始後的十年內補充雌激素。如果在六十歲以後或進入更年期多年後才開始服用雌激素，可能就沒有效果，甚至可能有風險。

　　最近，阿夫魯姆收到另一位前患者琳達（化名）寄來的信，信中的她充滿了挫折和憤怒。近二十五年前，琳達有大於兩公分的侵襲性乳癌；她的淋巴結檢驗結果是陰性，所以僅切除了乳房腫瘤，並接受放射線與化學治療。此後，她一直在服用普力馬林與黃體素，多年來都沒有乳癌復發的跡象。

　　離開本來居住的那一州後，琳達寫信給阿夫魯姆：「我仍在接受荷爾蒙補充療法，如果你肯寄一份你所做的相關研究報告給我，我會很感

激，因為我得要一直拜託，醫師才准許或願意開荷爾蒙補充療法給我。我有一度中斷了療法，但不到兩、三個星期，我就變得老態龍鍾，什麼都記不住。有一次開會時，我突然意會到，自己已經問同樣的問題三遍了。真尷尬！之後，我再也不曾中斷（荷爾蒙補充療法）了。」

於是阿夫魯姆寄給了她一些「相關研究報告」：幾份根據「婦女健康倡議」本身的研究。一如既往，婦女健康倡議對荷爾蒙補充療法的害處（失智症！中風！）大做文章，卻對其好處隻字不提。阿夫魯姆爬梳他們的報告，找出了一些蹊蹺：婦女健康倡議的數據顯示，在研究展開前就開始接受荷爾蒙治療（因而離更年期不遠）的女性，在臨床試驗期間罹患各類失智症（包括阿茲海默症）的機率偏低──她們的風險比未使用荷爾蒙者降低了50%！我們希望這項資訊能說服琳達的醫師，因為它和數十年來其他研究的支持，都使我們相信雌激素確實有益。

乳癌倖存者能服用雌激素嗎？

6

無條件拒絕（開荷爾蒙補充療法）是一把雙面刃，因為如此一來，它也讓荷爾蒙補充療法無可辯駁的所有健康益處，被拒於這些女性的門外。

本章重點

乳癌倖存者能否服用雌激素？

目前已經有充分的證據顯示，即使是曾經罹患乳癌的女性，荷爾蒙同樣可以緩和更年期症狀，降低罹患心臟病、心血管疾病、中風、骨質疏鬆、失智等重大疾病的風險，並且不會增加乳癌的復發率——甚至有的研究還指出，雌激素讓乳癌晚期停經女性的腫瘤縮小了！ P195

除了世界各國的研究 P204 、美國各地的研究 P206 ，還有本書作者之一阿夫魯夫醫師自己的研究，都指向雌激素不會提升乳癌復發的風險。

在阿夫魯夫醫師的研究中，他追蹤了248名乳癌倖存者十四年，

結果，不論是同側乳房的復發率是否提升、另一側乳房是否出現乳癌、癌症是否有轉移到身體的別處，這幾個問題的答案都是否定的。的確有女性乳癌復發了，但其復發率並沒有比沒有接受荷爾蒙補充療法的女性更高。 P201

在那十幾年當中，直到2002年「婦女健康倡議」問世和2004年「HABITS」研究之前，沒有一項研究得出「癌症復發風險提升」的結果！從第一章我們已經知道婦女健康倡議在研究上的限制和瑕疵了，「HABITS」也被指出有研究上的重大缺陷 P212，然而，「雌激素可能導致乳癌」的恐懼卻已植入人心，導致許多新研究因為「女性退出」而終止。

不過，還是有研究者繼續以統合分析的方式，重新評估現有的證據指出：相較於沒有使用荷爾蒙補充療法的女性，有使用的女性不僅乳癌復發率降低了10%，就連死於癌症或其他疾病的機率也略微降低。 P215

因此，雖然不論女性是否決定使用荷爾蒙補充療法，我們都不能保證癌症不會復發，但我們可以確定，無條件拒絕荷爾蒙補充療法是把雙面刃，女性應該充分理解荷爾蒙補充療法的益處和風險，再做決定。

到目前為止，本書討論了諸多健康女性的憂慮：服用荷爾蒙會不會增加罹患乳癌的機率？荷爾蒙能否緩和更年期症狀？荷爾蒙如何降低重病的風險？阿夫魯姆在本章中會反其道而行，提出充分的支持證據來主張，

即使是對曾罹患乳癌的女性，荷爾蒙補充療法也是能提供前述種種益處的合理選擇。

以下是阿夫魯姆的說法，所以從他的視角來描述。

· — · ～ · — · ～ · — · ～ · — · ～ · — · ～ · — · ～ · — ·

幾年前，我受召為一項醫療事故的訴訟案擔任專家證人，這個案子與一名肺癌患者有關。他的肺癌拖了一年才確診，因為放射科醫師沒發現他的胸部X光片中有一處異常。如果早一點發現，腫瘤本來還可以切除，但如今已無法動手術了。

我還清楚記得辯方律師的交叉詢問。他拿起一本厚重的教科書《癌症：腫瘤學的原則與實踐》問我說：「布盧明醫師，這本教科書又被稱為癌症醫學的聖經，對不對？」我告訴他，我對那本教科書如數家珍，它在我這個領域備受敬重，但沒有哪本醫學書可被稱為聖經。

他把書遞給我，請我翻到某一頁，念出劃有標示的那一段關於肺癌的描述。其中聲稱，由於肺癌的預後永遠是致命的，所以早期確診對患者也沒有任何益處。

律師詢問我對這段描述有何反應。我說：「這段文字提到了某篇文章，很巧也很幸運的，我正好把它帶來法庭了。」我當庭念出那篇文章。文中陳述，那類肺癌的早期確診與治療，能大幅提升治癒的機會。教科書錯誤引用了這篇文章。癌症聖經也不是永遠正確。

但從那以後，我再也沒有那種好運，能夠一針見血地提出參考資料

來釐清議題及其解釋了。相反地，我很清楚，醫師行醫時幾乎永遠都找得到參考資料，來支持任何一種意見。

我參加過許多淪為唇槍舌戰的醫學大會，各方都僅舉出支持其立場的文章來論辯。這就是為什麼我除了要找出支持自己意見的研究，也要盡力找到提出質疑的研究。當你是醫師，要做出選擇某種醫療手法或治療的決策時，所引用的是哪個證據不僅會在大會或期刊中變成學術論辯的主題；你的患者的福祉、健康，往往還有生命，也是以你提出的建議、做出的決策為依歸。因此，你會希望擁有最佳證據來指引你看病，同時也給自己多年來的經驗與臨床判斷，留下發揮空間。但有時你就是找不到好的參考資料來指引你，有時則根本沒有一清二楚的答案。

要為乳癌患者切掉整個乳房嗎？

我一輩子都待在腫瘤學領域，在這項專科被命名為「腫瘤學」以前，我就已經是腫瘤學家了。在這段生涯中，有兩項臨床決策對我來說最具有個人意義上的重要性：是否要支持「遠離乳房根除術」的運動，倒向侵入性沒那麼高的乳房腫塊切除術？還有，是否要開荷爾蒙補充療法給我治療過的乳癌患者？

乳房根除術VS.乳房腫塊切除術

1970年代中期，我離開波士頓的學術職位，搬到南加州，在一家私

人腫瘤醫學中心看診。當時，世界上有幾位臨床研究者正在探索一個有別於傳統乳房根除術的新選項：對於近期確診的乳癌患者，能否僅施行乳房腫塊切除術，再進行放射線治療？這是一種與標準醫學做法大相逕庭的路數，可以理解外科醫師多數是抗拒的。很多人說：「切除乳房及愈多愈好的周邊組織，是減少復發風險的唯一一條路。但現在你竟然告訴我，只要切掉腫塊就好？任何沒有根除乳房及周邊組織的手術，都會演變成醫療事故吧。」在我待的那家醫院，外科主任會從一間手術房跑到另一間手術房，詢問醫師們動的是哪種手術。如果醫師回答「乳房根除術」，他會大喊：「那就對了！」

　　我在洛杉磯的腫瘤學家同僚們，強烈建議我不要對乳房腫塊切除術太執著，也不要推薦患者僅切除腫塊。他們說，我們得靠轉診來支撐門診，而乳房根除術是執業外科醫師的主力手術；如果我改變乳癌治療典範的做法，就會失去這類必要的轉診患者來源；由於我先前都是在東岸接受醫學訓練，在南加州這裡沒有什麼醫院或大學人脈能轉介患者到我的新腫瘤門診。我向新同事表示感謝，但並未採納他們的建議。我決定以合作及說服來走這條路，不去硬碰硬地開戰。

　　我以美國癌症協會聖費爾南多谷分會（在當時是該協會的全國第二大分會）的專業教育委員會會長的身分，邀請了山姆‧赫爾曼（Sam Hellman）來為一大群內外科醫師演講，他是哈佛醫學院放射治療學系教授暨主任，也是乳房腫塊切除術研究的早期先驅之一。他的數據有強烈的說服力，我看得出演講廳裡的那種質疑與反對的冰山開始從邊緣慢慢融解，只是還需要外科醫師親身說法來完全說服他們。

麥克‧杜里克曼（Mike Drickman）是洛杉磯最早改採用乳房腫塊切除術的外科醫師，他表示，第一次做完這種手術後，「我幾乎承受不住患者的感激之意，所以自此之後，只要可以，我就會把乳房腫塊切除術當成乳癌患者必須動手術時的首要選項。」

為了進一步推廣我的合作方法，我邀請不同專長的醫師，展開一項遍及全社區的研究，請他們蒐羅患者的數據，以勾勒她們切除乳房腫塊後的情形。這支社區團隊由八位醫學腫瘤學家、十七位乳房外科醫師、七位放射治療師、七位病理學家組成，後來我寫下結果，投稿給《外科年鑑》時，將參與的三十九個人列為共同作者。

編輯一定覺得寫滿一整頁的名字是在要寶，所以告訴我只能寫三個名字。但我很感激同事們對這個領域的新數據保持心胸開放，又能提出批判評論，我以他們為傲，便對編輯說，我希望不僅要印出所有人的名字，還要標出他們各自的專長。我這麼做是希望對他們願意與不同專業領域合作一事表示認可，突顯他們帶給研究的多樣觀點，並鼓勵更多這類的社區合作。編輯同意了。後來，轉診來我門診的患者不僅沒有變少，還讓這個洛杉磯社區成為最早以這種新療法治療原發性乳癌的社區之一。

身為內科醫師，我仰賴醫學文獻提供那些由經驗證據呈現的資料，但也很重視其他內科醫師的臨床經驗。腫瘤科面臨的最大挑戰是，你得在需要的關鍵時刻找出最能因應醫療問題的那個方法，而那個方法在當時可能還未發表。

多年以前，有人請我看看一名十六歲男孩肋骨上的伊文氏肉瘤。當時這種病的治癒率趨近於零，但他的祖母不管這項資訊，告訴我：「布

盧明醫師，我熬過奧斯威辛集中營的折磨，可不是為了眼睜睜看孫子死於癌症的。」我遍尋世界各地的文獻，就是找不出能成功治療這種病的方法。我請教「國家伊文氏合作團體」主任馬克‧內斯比特（Mark Nesbitt），他也提不出醫療建議。我又請教洛杉磯兒童癌症研究團體的研究主持人葛斯‧希金斯（Gus Higgins），仍找不到值得期待的好線索。我再請教費城兒童醫院的首席醫學腫瘤學家奧德麗‧埃文斯（Audrey Evans），她確實有一套療程，但成功的證據很少。最後，我找上紐約的紀念斯隆—凱特琳癌症中心的小兒科腫瘤學家傑拉德‧羅森（Gerald Rosen）。他以合併多種強化化學治療藥物的療法，治療過五十多名伊文氏肉瘤的年輕患者，成效顯著。他告訴我，絕大多數患者的癌症都消失無蹤了，而且幾年後也未曾復發。他當時還未將那套強化療法的結果公諸於世（一年後才正式發表），但他與這種罕見腫瘤交手的經驗，比他人更豐富，成效又卓著，最終我被說服了。我採用他的療法來治療這位患者——那是二十五年前的事，而那名少年如今已成為健康的中年人。

腫瘤醫學就是這樣，要求我們持續在已知與必須學習的事物之間周旋；也許那就是人們說「外科醫師動刀、內科醫師看病」的原因。

能否開立荷爾蒙補充療法給乳癌患者？

1990年代早期，妻子和許多乳癌患者開始問我，她們能不能採用荷爾蒙補充療法。她們希望紓解嚴重的更年期相關症狀，以免其危及生活品質，但又怕因此刺激乳癌復發。

你可以理解我很擔心，而她們也同樣擔心。這似乎是連想都不用想的事。給予有乳癌史的女性進行雌激素替代療法或荷爾蒙補充療法的根據何在？癌症復發了怎麼辦？即使我是善意幫忙，但萬一本來乳癌已痊癒的患者因此死亡，要我負責怎麼辦？我對無法輕言放棄切除全乳的外科醫師，感到心有戚戚焉，因為他們甩不掉乳癌復發的風險可能升高的恐懼。

展開研究尋找答案

在患者殷殷期盼我紓解其苦難的請求下，我決定尋求新的答案。

雌激素對乳癌患者是否有害的線索

在二十五年前的當時，我們沒有充分的好數據，能了解給乳癌倖存者施行荷爾蒙補充療法的後果如何，腫瘤學家無法拍胸脯保證它是好是壞，還是兩者皆非。

就像我請教過的伊文氏肉瘤專家，他們都是僅能從有限的研究指引中盡力而為的內科醫師，有些腫瘤學家雖然會開荷爾蒙藥方給乳癌患者，但他們追蹤後續發展的程度不一，也沒有前後一貫的治療流程。

因此，我得從各種相關狀況中尋找線索。

線索1》切除產生雌激素的卵巢，對降低乳癌復發沒幫助

我要到哪裡去觀察雌激素會不會增加女性乳癌的復發風險？我從評

估時下常見的觀念出發，當時的觀念相信，停經前乳癌倖存者應切除卵巢，以防萬一。由於卵巢產生雌激素，也因為「已知」雌激素會造成乳癌，所以那種介入手法是說得通的。

但是，上述觀念是錯的。

根據南卡羅萊納醫學大學婦科腫瘤學家威廉・克里斯曼（William Creasman）的觀察，那些前瞻性隨機研究顯示，這種介入手法無助於降低癌症復發的風險，也無法延長女性的倖存時間，所以現今已不施行這種手法了（不過，所有醫療程序都是如此，總是有幾個頑固分子仍相信那才有效）。他寫道，「因此，雌激素對停經前乳癌患者似乎是無害的，但基於某種原因，給停經後患者施用雌激素卻有很多顧慮。為什麼？」

線索2》較早懷孕並不會提升罹患乳癌的風險

由於雌激素與黃體素濃度在懷孕期間會大幅上升，所以我接著仔細審視相關研究對罹患乳癌後懷孕的女性怎麼說。

1991年，國家癌症研究所的米契・蓋爾（Mitchell Gail）與雅克・貝尼舒（Jacques Benichou）觀察到，由於懷孕會顯著提升女性體內的雌激素與黃體素，那些很年輕就懷孕又生了許多孩子的女性，罹患乳癌的風險理當是最高的。接著他們說：「當然，事實正好相反。」**當然**事實正好相反？證據再度與預期不符。

早在1970年，世界衛生組織的報告就顯示，在二十歲以前完整經歷孕期的女性，日後罹患乳癌的風險比平均低了三分之一。既然如此，那麼乳癌患者懷孕後，復發風險又怎會提高呢？其實是不會的。1989年，加

州大學爾灣分校的外科醫師艾倫‧懷爾（Alan Wile）與婦科腫瘤學部主任菲力普‧迪薩亞（Philip DiSaia）報告，不論是在治療乳癌期間還是之後，懷孕對預後沒有負面影響（2017年，腫瘤學家馬鐵歐‧藍伯提尼在布魯塞爾的朱爾博爾代研究所率領的一項國際研究，重現了上述的發現）。懷爾與迪薩亞也指出，切除患者的卵巢沒有益處，且一旦獲知「沒有證據顯示雌激素對已確診的乳癌有負面效應」，患者便能接受荷爾蒙補充療法是緩解更年期症狀、改善其健康福祉的適當手法。

線索3》荷爾蒙補充療法反而有益於乳癌倖存者

　　至此，我發現不論是（藉由切除卵巢）降低雌激素，還是（因為懷孕）提升雌激素，都不會增加乳癌的復發率。而且如本書第一章所述，過去就有不少歷史證據顯示雌激素是有益處的。1966年，查爾斯‧哈金斯（Charles Huggins）因證明荷爾蒙可控制某些癌症的擴散而榮獲諾貝爾獎。他讓一群樣本老鼠接受產生乳癌的致癌物質後，發現施予老鼠高劑量的雌二醇與黃體素三十天，能抑制其乳癌出現，而且只要治療一個星期，就足以顯現那種效果。 ◀老鼠實驗顯示，雌激素加黃體素能抑制乳癌出現

　　讓哈金斯獲得諾貝爾獎的上述發現，過了好幾年才運用於女性身上，但成果大有可為。我特別感興趣的是1980年代分別由歐陸與英國研究者主持的三項研究：

‧哥本哈根的根托夫特大學醫院腫瘤學家托爾本‧帕舒夫（Torben Palshof）及其同僚，以332名已接受手術與放射治療的乳癌患者為對

象，讓她們隨機接受己烯雌酚（一種雌激素形式）、泰莫西芬（一種荷爾蒙抑制劑）或安慰劑，為期兩年。五年後的追蹤顯示，接受己烯雌酚的女性癌症復發率最低，接受泰莫西芬的女性復發率相近，接受安慰劑的女性，其癌症復發率則高出許多。帕舒夫在1985年再度追蹤時，結果依舊不變。◀ 接受雌激素的女性乳癌復發率最低

- 荷蘭奈梅亨市拉德堡德大學醫院腫瘤學家路克‧畢克斯（Louk V.A.M. Beex）及其同僚，以63名乳癌晚期的停經女性為對象，讓她們隨機接受泰莫西芬或雌激素，觀察其對腫瘤的反應如何。雖然，據信泰莫西芬能阻斷雌激素，因而更為有益，但他們發現，儘管服用泰莫西芬的患者腫瘤縮小了33%，但令人意外的是，服用雌激素的女性，其腫瘤也縮小了31%。◀ 接受雌激素與接受泰莫西芬的女性乳癌都縮小了

- 英國內分泌學家巴希爾‧史托爾（Basil Stoll）早期寫過一本關於乳癌患者荷爾蒙管理的教科書，他指出自己曾給65名乳癌晚期的停經女性施用雌激素與黃體素，發現經過六個月的治療後，有22%的女性體內的腫瘤縮小了。◀ 荷爾蒙補充療法讓乳癌晚期之停經女性的腫瘤縮小了

　　我也發現，有許多的腫瘤學家冒著被同僚否決、甚至當面譴責的風險，指出此時正是研究「是否要讓乳癌倖存者接受荷爾蒙補充療法」的好時機——麥克‧鮑姆就是一例，他在擔任倫敦乳癌試驗協調委員會會長暨皇家馬斯登醫院學術外科部成員時寫道，「我發現，持續忽視開荷爾蒙補充療法給有乳癌史的女性有哪些效益與風險，令人難以忍受。有時情況顯示，你必須在任何理論反對之前，先採用荷爾蒙補充療法再

說。當女性得處理乳癌帶來的身心負擔，人們還期待她們要接受更年期帶來的某些嚴重效果，包括嚴重憂鬱在內，而且又得不到任何緩解，這顯然很不人道。」

在上述的經驗與臨床基礎下，我覺得自己已準備好要發起一項研究，讓那些初步治療後乳癌已完全緩解、但仍要承受更年期症狀的倖存者，接受荷爾蒙補充療法，然後定期追蹤，以觀察荷爾蒙補充療法是否會增加乳癌復發的風險。

雌激素比大多數醫生以為的還安全，但是……

為了展開這項研究，我與洛杉磯地區的大多數醫學腫瘤學家討論我的研究提案，並邀請婦科醫師及初級照護醫師加入。他們的參與很關鍵，給了我批判並評估日後蒐集到的數據及假設的標準，許多人也在研究上路時，讓自己的患者成為其中一分子。

我請教過的人都支持這項研究，但仍有幾位醫師大表保留態度：如果參與研究的女性乳癌復發，他們唯恐會有法律罪責。我為此聯繫了加州律師公會會長奈德・古德（Ned Good），他表示，任何人都有可能為任何事控告他人，要完全保證自己能免於法律訴訟是不可能的。不過，他接著說，最積極也最好的防禦方法，是確保每一名患者都了解參與研究的風險，並請她們簽署知情同意書。我照做了。

接著，我致電給美國食品藥物管理局，告知我的計畫，並詢問是否需要美國食品藥物管理局批准才能進行。他們說，如果我把自己的計畫稱

為「治療」，就不需要管理局批准；他們很清楚有些醫師早已在沒有管理局的批准下，開荷爾蒙補充療法給乳癌倖存者了。不過，如果我想把自己的提案稱為「研究」，他們建議我繳交一份完整的試驗計畫書給管理局，詳細說明方法、目標、理論基礎、醫學文獻的參考資料等細節。我花了點時間做這項工作，也完成了。

美國食品藥物管理局收到提案的六週後，該局的一位醫師來電告訴我，提案的臨床試驗要先暫停，主要是因為該局覺得這項研究會提升女性的乳癌復發風險。

我問他：「有沒有人真正讀完我的提案？我是不是有提到，有多項研究顯示，雌激素比大多數醫師以為的還安全，就連對乳癌倖存者也不例外？」

「別攻擊我，我只是傳話的。」他說道。

我請求和有決策能力的人談話，但並未接到第二通電話，反而是獲邀在1992年情人節當天，到馬里蘭州洛克維爾市的美國食品藥物管理局小組委員會作證。動身前，我和艾倫·懷爾見面，我知道他曾呼籲進行這類乳癌研究；我們演練了一場雙人報告。

我建議籌劃一項囊括300名女性的先導研究（pilot study），艾倫則代表他在加州大學爾灣分校的科系，同意在先導研究並未發現乳癌復發風險有所增加之後，由他的大學針對此議題，進行一項以5000名停經女性為對象的長期雙盲隨機研究。

我們在開放給大眾參與的委員會會議上，做了上述報告。一位女性健康行動人士懇求小組駁回我們的提案，她認為，給罹患過乳癌的女性服

用雌激素，等於是給她們一份「有毒的情人節禮物」。但會議結束前，委員會的女主席表示，她認為，不讓我們進行這場研究，不合道德規範。搭機返家時，艾倫警告我，可別以為這代表我們的研究獲得批准了。

「聽起來像是批准了啊。」我說。

「等著瞧吧。」他勸我稍安勿躁。

幾個星期後，美國食品藥物管理局告知我們，雖然原則上他們批准了研究，但仍反對我為小型先導研究列出的細節。他們唯一能批准的是進行前瞻性雙盲隨機試驗，以6000到8000名女性為對象。我提出抗議，因為委員們應該也知道，全國各地早已有一小群、一小群乳癌倖存者在接受荷爾蒙補充療法了，只是無意提供相關數據。而我們會蒐集自己患者的追蹤數據，不讓她們的數據流失。如果發現對她們有害，在小型先導研究中發現這一點，當然比大型研究來得好。

「很抱歉。」美國食品藥物管理局說（類似的話），「要嘛做大研究，不然免談。」

我不死心，又回到美國食品藥物管理局再來一次，值得敬佩的是，該局也決定再開一場委員會會議，來聽聽我的說法。在正式進入討論前，委員會的幾位醫師問了我一些令人不敢置信的問題。

「你怎麼不換個研究做呢？」一位男性醫師問道，「何必對這個研究那麼執著？」

「我也做其他研究了。」我說，「不過，因為有證據說服我相信，我們都誤解了雌激素有害，也因為我們對開雌激素給乳癌倖存者服用的效果所知不夠多，所以我覺得這項研究很重要。」

「為什麼你覺得有必要做這項研究呢？」一位女性醫師問，「是不是因為你的大多數患者到最後都會去世？」

「我很抱歉，但妳的資訊有誤。」我告訴她說，「目前早期乳癌的治癒率已經超過85%。」

「也許我對這個主題的知識是該更新一下了。」她說。

「那很好。」我表示同意。

後來，在幾個小時的委員會會議開完後，我仍說服不了任何委員相信，在涵蓋數千名女性的更大型研究之前，值得做先導研究。我離開前詢問主席，如果我回去後仍以想進行的方式來做研究，那會如何？「我們無法告訴你該怎麼看病治療，布盧明醫師。」他說：「我只希望你覺得我們的評論有幫助。」我對他們撥空會談表示感謝，但仍告訴他們，我覺得他們的評論幫不了忙。

我回到洛杉磯，按照預定進行研究。

臨床實驗：用雌激素治療乳癌倖存者

至少美國食品藥物管理局的成員一致同意，我提出的研究合乎道德規範。他們（終於）在《美國醫學會期刊》上寫道：「我們同意，（給乳癌患者施用荷爾蒙補充療法的）這個議題需要臨床試驗來處理，我們也希望指出，美國食品藥物管理局的新陳代謝與內分泌藥品部已於1992年2月14日舉行生育力與母體健康藥品諮詢委員會，針對上述議題進行了公開討論。『進行設計良好的臨床試驗，以研究給予曾接受乳癌治療

的女性施行荷爾蒙補充療法的效果，而其主要焦點是為了探知該療法是否會造成乳癌復發，這樣合乎道德規範嗎？』對於這個問題，委員們一致同意，確實合乎道德規範。」

我一回到家，就在洛杉磯婦產科學會的年度會議宣布上述結果，並正式展開了「以荷爾蒙補充療法治療乳癌倖存者有何效果」的先導研究。我請每位受試女性務必了解這項治療的潛在益處與風險，以及這場研究的目標。我也確保美國食品藥物管理局的「警示聲明」有清楚地印在知情同意書上。

雖然美國食品藥物管理局同意，測試荷爾蒙補充療法對有乳癌史的女性具有哪些潛在益處與風險，確實有其立論基礎，但負責評論這項研究的美國食品藥物管理局委員會認為，有鑑於評估的患者樣本數少（300人），且缺乏未接受荷爾蒙補充療法的隨機試驗組做為對照，所以其數據將不具意義。美國食品藥物管理局委員會的疑慮是，從非隨機且數量如此小的樣本得出的研究結論，有可能在過度詮釋下，提出言之過早或不精確的效益或風險結論。

所有受試女性都同意了。此外，由於我很清楚，有更年期症狀的女性，不到幾天就會得知自己接受的是不是雌激素（畢竟她們想接受荷爾蒙補充療法就是為了緩解更年期症狀），所以我不設安慰劑對照組（要不要讓受試者在研究中得知自己接受的是真正的藥物治療，還是安慰劑？這個

問題影響著許多研究，就連許多符合黃金標準的隨機對照試驗與「婦女健康倡議」也不例外。但在更年期症狀的研究中，受試女性很快就會得知自己拿到的是什麼藥）。

然後，我比較了接受荷爾蒙的女性與確診同階段乳癌的女性之間的異同，後者在同時期接受了同樣的乳癌治療，而且生活在同一個社群中。如果我發現患者中出現了超出預期的復發率，或是發現任何已發表文章顯示這類風險會增加，也就是說，如果有任何證據顯示給予患者荷爾蒙補充療法是火上澆油，那麼我會立刻中止研究。

我在1992年展開這項研究，其後的十四年，每年都會提出報告說明受試者的最新情況，完整追蹤了一共248名女性的後續發展。即使是在這段期間搬離我所在那一州的女性，也會將她們的醫療資訊提供給我。**我的目的是判定這些女性的同一側乳房的乳癌復發率是否提升了？另一側乳房是否有出現乳癌？癌症是否有轉移到身體別處？**

我的發現是：上述問題的答案皆是**否定的**。

沒錯，確實有幾名女性的乳癌復發了，但其復發率並未比沒有接受荷爾蒙補充療法治療的女性更高。

1997年，我獲邀至丹佛市參加美國臨床腫瘤學會的年度會議，對八千五百位腫瘤學家報告五年來的結果。在我之前報告的是國家癌症研究所的一位內科醫師，他告訴眾人，「國家癌症研究所不贊助以荷爾蒙補充療法來緩解乳癌倖存者之更年期症狀或預防疾病的相關研究。」他的結論是，根據電腦模型，「荷爾蒙補充療法對乳癌倖存者有害無益。」

我記得自己當時在想，在這位國家癌症研究所代言人先發制人地發

出譴責後，我這個在南加州社群進行的小型先導研究，可能會飽受抨擊。但結果並非如此。報告結束後，這一大群來自世界各地的首席腫瘤學家與研究者提出的問題與評論都很正面。聽眾對國家癌症研究所報告的反應，反而全是負面的。

「別攻擊我。」那個國家癌症研究所的人說，「我只是傳話的。」隔年，也就是1998年，美國食品藥物管理局通知我，六年前他們中止的那個臨床試驗（我仍繼續進行、每年報告，並在1997年的美國臨床腫瘤學會會議上報告的那個研究），如今禁令取消了。

同時期相關研究的驚喜發現

美國臨床腫瘤學會與美國食品藥物管理局的反應當然令人高興，但更值得慶幸的是，我意識到自己的研究如今已成為更大現象的一部分，也就是醫學機構不願以荷爾蒙補充療法來治療乳癌的勢力正在逐漸融解，就像十年前它對乳房腫塊切除術的反應一樣。[1]

無條件拒開荷爾蒙補充療法是一把雙面刃

芝加哥的羅斯長老會聖路加醫學中心的醫學腫瘤學家梅勒蒂‧卡布

---

① 前言中曾指出，近年乳房根除術的增加，是女性因焦慮而提升了對這項療程的需求，並不是因為醫學機構修正了它們的建議。

勒（Melody Cobleigh），及其在美國東岸癌症臨床研究合作組織（乳癌委員會的同僚，在對這項研究的完整評論中寫道，「開雌激素替代療法給有乳癌史的患者，一大疑慮是唯恐會激發蟄伏的腫瘤細胞，但能證實這類疑慮的臨床資料出奇的少。」

那時，我很常聽到腫瘤學家與流行病學家說，他們發現「臨床資料出奇的少」，不足以支持不開荷爾蒙補充療法給乳癌倖存者的做法。

2000年，醫學腫瘤學家暨現任阿姆斯特丹癌症中心共同主任的亨克‧韋霍爾（Henk Verheul）及其同僚寫道，**雌激素對目前的乳癌療法（手術、放射治療、化學治療）都沒有負面影響**，即使施予的雌激素濃度大幅超過荷爾蒙補充療法的典型濃度也一樣。他們的結論是，迄今的研究都「無法證明一旦女性確診乳癌，雌激素會使預後惡化、加速疾病病程、降低存活率或干預乳癌的管理治療。由此可以下結論：我們必須重新修正雌激素與雌激素療法對乳癌有害的時下觀念」。

在芬蘭，赫爾辛基大學中央醫院婦科專家暨研究員奧拉維‧瓦萊克卡拉（Olavi Ylikorkala）與梅亞‧梅莎－海奇拉（Merja Metsä-Heikkilä）觀察到，由於女性乳癌倖存者的人數穩定增加，所以健康專業人士必須正視哪種療法最能有效治療其更年期症狀、改善其整體健康（依據瓦萊克卡拉的研究，荷爾蒙補充療法具有降低停經女性的血管性失智症與心臟病發風險的功效）。他們說：「無條件拒絕（開荷爾蒙補充療法）是一把雙面刃，因為如此一來，它也讓荷爾蒙補充療法無可辯駁的所有健康益處，被拒於這些女性的門外。再說，迄今可得的觀察性數據並不支持這種拒絕行為，因為荷爾蒙補充療法不會增加乳癌復發的風險。」

世界各國的研究：雌激素不會提升乳癌復發風險

　　整個1990年代，為了確保自己的研究發現不是異數，我時時追蹤世上任何地方所進行的比較接受荷爾蒙補充療法的乳癌倖存者與對照組的任何研究。沒有一項研究是美國食品藥物管理局希望有人進行的那種涵蓋數千名女性的大型隨機對照試驗。有些研究的樣本數較少，有些較多；女性接受荷爾蒙補充療法的時間長短差異甚大；有些追蹤患者幾個月，有些則是追蹤兩年、五年或更久。

　　但我反覆發現了一些同樣的結果，如下：

- **斯洛維尼亞**：盧布爾雅那腫瘤研究所的瑪潔特卡‧烏爾希奇－弗爾什恰伊（Marjetka Uršič- Vrščaj）與桑雅‧碧芭爾（Sonja Bebar），對21名接受荷爾蒙補充療法治療平均二十八個月的乳癌患者與其對照組（每名患者有兩名對照組對象）進行比較。他們發現，接受荷爾蒙治療的女性，其乳癌復發率並未提升。`荷爾蒙補充療法並未提升乳癌復發率`
- **澳洲**：新南威爾斯大學生殖內分泌學的資深講師約翰‧伊登（John Eden）比較了90名接受荷爾蒙補充療法之時間中位數十八個月、追蹤時間中位數七年的乳癌倖存者，以及180名對照組女性的異同。他發現到，接受荷爾蒙治療的女性，她們的乳癌復發率小幅但顯著地降低了。`接受荷爾蒙補充療法之女性的乳癌復發率小幅下降`
- **澳洲**：皇家婦女醫院女性健康研究院婦科醫師珍妮佛‧迪尤（Jennifer Dew），比較167名接受荷爾蒙補充療法的具乳癌史女性，以及1122名

有類似病史但未接受荷爾蒙補充療法的女性之間的異同，發現在荷爾蒙組女性中，即使其腫瘤為雌激素受體陽性，其乳癌復發率也未增加。四年後，她以更大的樣本數更新了研究，並再度發現使用荷爾蒙補充療法與乳癌復發的風險提升無關。 ◀ 使用荷爾蒙補充療法並未提升乳癌復發率

- 澳洲：任教於新南威爾斯大學的婦科醫師伊娃・德爾娜（Eva Durna）以回溯性觀察研究，對286名接受荷爾蒙補充療法的乳癌倖存者，與686名未接受荷爾蒙補充療法的乳癌倖存者（受試者的追蹤時間中位數是兩年以下，但有些人接受荷爾蒙補充療法已二十六年）進行比較，發現使用荷爾蒙補充療法之女性的乳癌復發率與死亡率皆比非使用者低很多。兩年後，她報告了第二項研究的結果，這項研究以524名確診乳癌時仍未停經的女性為對象；在確診並於治療後進入更年期的277名女性中，有119人接受以荷爾蒙補充療法來控制其更年期症狀，而這些接受荷爾蒙補充療法的女性，其乳癌復發率或死亡率皆無異於未接受荷爾蒙補充療法的女性。 ◀ 荷爾蒙補充療法並未提升乳癌復發率和死亡率

- 法國：巴黎聖路易醫院腫瘤學家馬克・埃斯皮（Marc Espie），追蹤了120名接受乳癌治療的患者使用荷爾蒙補充療法的結果，每名患者各有兩名對照者，追蹤時間為二・四年，並未發現那些接受荷爾蒙治療的女性有乳癌復發率增加的情形。 ◀ 荷爾蒙補充療法並未增加乳癌復發率

- 德國：馬提亞斯・貝克曼（Matthias Beckmann）與其在愛爾朗根－紐倫堡大學的同僚回溯性地回顧185名乳癌患者的病歷，其中64人接受荷爾蒙補充療法，另外121名沒有。即使到五年後，他們仍未發現補充荷爾蒙的女性有乳癌復發率提升的情形。 ◀ 荷爾蒙補充療法並未增加乳癌復發率

・芬蘭：摩亞・瑪圖南（Merja Marttunen）及其在赫爾辛基大學中央醫院的同僚，以131名乳癌倖存者為對象進行研究，其中88名決定使用雌激素替代療法，43名選擇不接受雌激素替代療法。所有受試者皆經過平均二・六年的追蹤。研究者並未發現那些選擇雌激素的女性有乳癌復發率提升的情形。◀雌激素替代療法並未增加乳癌復發率

美國各地的研究：雌激素不會提升乳癌復發風險

不只是世界各國的研究者，美國各地的研究者也陸續獲得「雌激素不會提升乳癌復發風險」的結論：

・德州休士頓市：雷娜・瓦希羅普洛—莎琳（Rena Vassilopoulou-Sellin）在MD安德森癌症中心，主持了一項隨機前瞻性研究，以普力馬林治療39名乳癌倖存者，並且以319名未接受荷爾蒙治療的患者為對照組。五十二個月後，她仍沒有發現荷爾蒙補充療法組有乳癌復發率提升的情形。◀荷爾蒙補充療法並未增加乳癌復發率

・加州爾灣市：婦科腫瘤醫師暨流行病學家溫娣・布魯絲特（Wendy Brewster）與加州大學爾灣分校婦科腫瘤學部主任菲力普・迪薩亞，對照了125名接受雌激素替代療法或荷爾蒙補充療法的乳癌患者，與362名未接受任何荷爾蒙的乳癌患者後，發現荷爾蒙組女性的乳癌復發率並未增加。◀接受荷爾蒙補充療法的女性之乳癌復發率並未增加

・密西根州特洛伊市：醫學腫瘤學家大衛・戴克（David Decker）主持了

一項以277名接受雌激素替代療法平均三‧七年的乳癌倖存者為對象、設有對照組的前瞻性研究。結果並未發現荷爾蒙組女性有乳癌復發率增加的情形。 ◢雌激素替代療法並未增加乳癌復發率▶

- 德州達拉斯市：德州大學西南醫學中心外科教授喬治‧彼得斯（George Peters），對64名確診後接受雌激素替代療法的乳癌倖存者，與563名未接受雌激素替代療法的乳癌倖存者進行對照。平均追蹤十二年後，未發現荷爾蒙組女性之乳癌復發率增加。 ◢雌激素替代療法並未增加乳癌復發率▶

- 華盛頓州西雅圖市：華盛頓大學福瑞德‧哈金森癌症研究中心的癌症研究員艾倫‧歐梅拉（Ellen O'Meara），回顧了2755名年齡在三十五歲到七十四歲之間，於1977年至1999年間確診乳癌的女性病歷。其中174人在治療結束後接受荷爾蒙補充療法，每名皆搭配4名在同時期確診乳癌的對照組女性，追蹤時間中位數三‧七年。她得到的結論是，「在乳癌治療結束後接受荷爾蒙補充療法治療，對癌症復發與死亡率皆沒有負面的影響。」她甚至還發現，荷爾蒙補充療法使用者的乳癌復發率、乳癌死亡率及整體死亡率，顯然都比未使用荷爾蒙的女性更低。 ◢荷爾蒙補充療法使用者的乳癌復發率、乳癌死亡率和整體死亡率都比未使用者低▶

- 威斯康辛州密爾瓦基市：2002年，威斯康辛醫學院的琳達‧N‧莫若（Linda N. Meurer）與莎拉‧麗娜（Sarah Lena），共同回顧了九項獨立的觀察性研究及一項隨機對照試驗，並未發現乳癌倖存者使用荷爾蒙補充療法後，其乳癌復發風險比對照組更高。在她們的統合分析中（涵蓋717名在確診乳癌後使用荷爾蒙補充療法的女性，以及2545名未使用荷爾蒙補充療法的對照組乳癌患者），她們發現，那些服用雌激

素的乳癌倖存者在研究期間的死亡率（3%），比未服用雌激素的女性（11.4%）低了許多。◄ 荷爾蒙補充療法並未增加乳癌復發率和死亡率

此刻你大概在想：等等！一定有發現乳癌復發風險增加的研究吧？我正等著你提出這個問題。答案是沒有。在「婦女健康倡議」問世以前，沒有一項研究得出「癌症復發風險提升」的結果，而在婦女健康倡議問世以後，它還多了一個盟友：HABITS研究。

「婦女健康倡議」帶來的打擊

在「婦女健康倡議」發表其最初發現的2002年，接受荷爾蒙補充療法的600萬名女性中，有一半以上中止了荷爾蒙治療。但緊接著又發生了另外三件事。

一是其他荷爾蒙研究隨之喊停：有十八項在1990年代展開的研究正在追蹤著乳癌與其他癌症倖存者進行荷爾蒙補充療法的情形，但此時幾乎都斷然中止。就我所知，只有我的研究還繼續徵求患者，蒐集數據。

二是美國食品藥物管理局在Prempro（惠氏藥廠推出的荷爾蒙補充療法）的外標上加了黑框警示，這種警示直到今日仍會出現在所有雌激素製劑中。基本上，它的意思是：「如果你曾罹患乳癌，就不要服用這種藥。」外標上也警告了，若患者真的要服用荷爾蒙，那麼應服用最小劑量，而且使用期間愈短愈好；但這項警告如今已不再有任何證據支持。

第三，則是緊接著就出現了數千件訴訟案。惠氏的一位代表律師告

訴我，在訴訟的巔峰，惠氏（還有買下惠氏的輝瑞藥廠）面臨的法律訴訟案超過一萬件。其中八千件聯邦法院的案子集中在阿肯色州，以法律程序加速了複雜的責任訴訟過程。其他案子則散布在全國各地的州法院。上了法庭的數十件案子結果不一，有時是被告贏，有時是原告贏。最大一筆和解金額是七千八百七十四萬美元。律師寫道，「輝瑞在2012年繳交給證交所的文件中，宣稱支付了八億九千六百萬美元來解決60%的案子。驅使人們提出訴訟並讓停經女性做出這類健保決策的，不是好科學，而是大眾媒體。」

你也許會說，代表惠氏的律師當然會抱怨「驅使人們提出訴訟的不是好科學，而是大眾媒體」，但許多腫瘤學家、婦科醫師、研究者也同意律師的說法。我在加州大學爾灣分校的同事迪薩亞在幾年後寫信告訴我，「在婦女健康倡議發布報告後，我變得有點洩氣。媒體對事實真相不感興趣，似乎只懂得譁眾取寵。『僅進行雌激素療法，不會造成乳癌發生率提升』的事實，只有第十八版的一個小段落提及，荷爾蒙補充療法的邊緣統計結果，卻登上了報紙頭版。」

迪薩亞對「婦女健康倡議」凍結了他的研究一事，特別心灰意冷。當時，他「相信荷爾蒙補充療法不是乳癌倖存者的禁地，不會增加乳癌復發率」，因此試著在所在的醫學院婦科腫瘤學群中，進行一項前瞻性隨機試驗，也就是美國食品藥物管理局希望進行的那種研究。

「每次學群裡都有腫瘤學家投票反對。」他說，這全要歸咎於那份「婦女健康倡議」報告。當時他們差不多已經招募了近2000名患者，研究都快要展開了。

HABITS研究提出的反對意見

然而，「婦女健康倡議」不是唯一的打擊。另一記打擊來自2004年發表的HABITS研究，HABITS是「乳癌治療後施予荷爾蒙補充療法——安全嗎？」（Hormonal Replacement Therapy After Breast Cancer — Is It Safe?）的縮寫。婦女健康倡議的研究員馬上就將其結果視為證實他們的觀點：荷爾蒙整體而言是有害的，對罹患過乳癌的女性來說更是如此。婦女健康倡議的一位首席研究員羅旺·克里伯斯基（Rowan Chlebowski）在一篇評論中提到，HABITS研究「或許無法蓋棺論定能不能給乳癌倖存者使用荷爾蒙療法，但從我們不斷拓展的理解來看，這可能是荷爾蒙療法對女性慢性疾病有何影響的關鍵結論」。

它不能蓋棺論定，卻是關鍵結論？那是什麼意思？

我饒富興味地讀完HABITS宣布研究中止的報告。這份報告似乎牴觸了本章所披露的一切，但它至今仍是談到乳癌倖存者使用荷爾蒙補充療法時最常提及的研究。

HABITS研究的古怪之處

這項由拉爾斯·霍姆伯格（Lars Holmberg）在瑞典烏普薩拉地區腫瘤中心大學醫院主持的研究，提議隨機讓1300名乳癌倖存者接受或不接受荷爾蒙補充療法，並追蹤五年。只要一有新的乳癌出現（本來的乳癌復發、另一側乳房出現病變、癌症遠端轉移等），研究就喊停。

這項研究在僅僅追蹤時間中位數兩年後，於2003年提早喊停，當時建議的受試者是1300名，但該研究僅招募到434名，而其突然中止的原因是，接受荷爾蒙補充療法的女性出現新乳癌的機率，不成比例地攀高：非荷爾蒙補充療法組中僅有7名（4%）新病例，荷爾蒙補充療法組中卻有26名（20%）。

上述數字（26比7）似乎非常重要，值得注意，但很少有觀察家注意到，這兩組在同時期的癌症轉移或死亡率上皆無不同，以普力馬林為雌激素來源時，乳癌的風險也並未提升。

研究員在2008年更新了更多受試者的追蹤結果。這次的結果依舊引人憂心：荷爾蒙補充療法組中有39人（17.6%）、非荷爾蒙補充療法組中有17人（7.7%）再度罹患乳癌。然而，這次也有一些古怪之處：淋巴結受侵犯程度呈陽性（據信會增加復發率）的女性，並沒有出現新的乳癌，而兩組在癌症轉移率或乳癌死亡率上也沒有差別，僅服用雌激素的女性也沒有出現新乳癌的跡象。這次荷爾蒙補充療法組的風險增加，僅出現在同時服用雌激素與荷爾蒙抑制劑泰莫西芬的女性身上，而這項發現非常古怪，因為它牴觸了許多觀察泰莫西芬（無論是否同時服用雌激素）能否預防乳癌復發的研究結果，也牴觸了未發現同時服用雌激素與泰莫西芬會使女性增加風險的其他研究。

大約在HABITS研究進行的同時，另一項給乳癌倖存者施予荷爾蒙補充療法的瑞典研究也展開了。「斯德哥爾摩研究」（Stockholm study）也是一項前瞻性隨機試驗，規模與HABITS不相上下。它讓188名女性隨機接受荷爾蒙補充療法，另外190名女性則沒有，最後發現兩組在新乳癌的

發展上沒有差異，而且就如HABITS研究，他們也沒有發現兩組的死亡率有任何不同。經過十年的追蹤，上述發現仍沒有改變。

研究方法的缺陷

批評家與專業學會立刻就對HABITS研究發表了看法。前文提過威廉‧克里斯曼在這個領域的研究，他指出了一些令人不安的問題：

- 超過20%的女性因為沒有接受超過一次以上的追蹤，所以並未納入這項分析。
- 選用哪種荷爾蒙療程（普力馬林，還是雌激素合併黃體素的其他組合）是由治療的醫師決定，因此受試者接受的藥物並不一致。
- 癌症分期與淋巴結狀態是乳癌的重要風險因子，但在隨機給予或不給予受試者荷爾蒙時，卻沒有提供這項資料——為什麼這一點很重要？因為如果你是乳癌倖存者，而接受這項研究是為了觀察荷爾蒙會增加或減少乳癌的復發率，但研究員竟未對你進行乳房攝影或任何其他檢查，以判定你此刻是否真的沒有癌症，那麼這兩組的乳癌復發風險因子會一樣嗎？我們不得而知。

克里斯曼似乎對於HABITS發表報告時隨同刊出的評論，特別有意見，那個評論的結語是這樣說的：「這項研究可以合理地指引治療女性乳癌患者的臨床做法。」克里斯曼對此的回應差不多是——見鬼去！不

過，他使用的是醫學書寫的克制語氣：「這項結論似乎言之過早，並無參考價值。」

為何只有HABITS研究的結果不同？

如果許多研究都指向同一個方向，卻有一項研究不合群地指向另一個方向，你就必須質疑：所有先前的研究出了什麼問題？或是，為什麼這個特例的結果是這樣？

在發表於1980年到2008年間的二十項研究中，只有HABITS研究發現了女性接受荷爾蒙補充療法後會增加乳癌復發率，而且只有同時結合泰莫西芬時才會如此。克里斯曼寫道，除了HABITS研究，他並未發現有任何數據支持這種相信荷爾蒙補充療法有害乳癌倖存者的觀念；同時，他也舉出了HABITS研究的種種疏失，「除了HABITS研究以外，所有其他數據都沒有指出，荷爾蒙補充療法帶來的影響對於曾罹癌的患者有害。拒絕以這種療法來緩解那些造成生活不便的症狀，似乎並沒有為患者的最大利益著想。」

德國圖賓根市（Tübingen）的女性大學醫院內分泌學與更年期系主任阿弗雷德‧穆克（Alfred Mueck）及其同僚也都同意：針對荷爾蒙補充療法對乳癌倖存者有何效果方面，在目前的少數幾項前瞻性隨機研究及至少十五項以上的觀察性研究中，「僅有這項〔HABITS〕研究顯示了復發風險會增加。」

加拿大婦產科學會也對HABITS研究的結果不以為然。2005年，學會

會員針對接受過乳癌治療者使用荷爾蒙補充療法，發布了方針聲明，包括以下兩點摘述：「歷來的證據顯示，在接受過乳癌治療後接受荷爾蒙補充療法，不會對其乳癌復發率與死亡率造成有害影響」，還有「曾接受乳癌治療的停經女性，可將荷爾蒙補充療法當成可行的選項」。

然而，國家癌症研究所臨床研究部乳癌療法主任喬安·朱潔斯基（JoAnne Zujewski）的看法與此相反，她說：「結合婦女健康倡議的負面結果來看，大多數美國醫師及其患者獲得的訊息是，長期使用荷爾蒙補充療法可能有害。他們試圖以荷爾蒙補充療法因應的問題，如今我們有更好的做法，例如以雙磷酸鹽預防骨質疏鬆症，以阿斯匹靈或他汀類藥物維護心臟健康。」這種接受錯誤數據，認為荷爾蒙補充療法有害而以據說具同等效益的其他藥物取代的做法，在我看來是應受譴責的。

提不出關鍵結論

因此，HABITS研究不僅無法蓋棺論定，就連關鍵結論也提不出來。儘管該研究根本未提供清楚的答案，卻給了克里伯斯基與朱潔斯基這類「婦女健康倡議」支持者「看見」荷爾蒙補充療法之危險的機會，也讓克里斯曼、迪薩亞和我等人「看見」了混淆其結論的那些奇怪的複雜因素。即使HABITS的研究主持人霍姆伯格指出：「我們同意應審慎詮釋單一隨機研究的結果，尤其是因為研究提早中止了。我們的報告是要說明中止HABITS試驗徵求受試者的原因，並未聲稱這是『蓋棺論定』。」

「婦女健康倡議」研究首次發表的五年後，我與兩名婦女健康倡議

支持者在一個兩小時的廣播節目中當面辯論，當時這兩人才剛在聖安東尼乳癌研討會上提出其數據。我們的辯論平和友善，但我很清楚這兩人是帶著輕蔑看待我的立場。

「布盧明醫師，你會發現，統計不是一切。」其中一位備受國際敬重的生物統計學家說道。

「你應該很清楚是或不是。」我回道：「因為你才是統計學家。」

在電臺的臺呼廣告期間，他把目光從我身上移開，而且為了讓在場的每個人都聽到，他提高聲量說：「我相信施用荷爾蒙補充療法給有乳癌史的女性是一種醫療不當。」回想起那些曾認為切除乳房腫塊是醫療不當的外科醫師、除了HABITS研究以外支持著我的立場的所有研究，以及多名女性參與我的研究時表現出的感激，我只能建議雙方繼續辯論。

我們現今的立場為何？大多數新研究在「婦女健康倡議」之後就中止了，研究者繼續以統合分析的方式，重新評估現存證據。克里夫蘭診所（Cleveland Clinic）內科醫師佩琳・巴圖爾（Pelin Batur）及其同僚，發表了針對十五項研究的回顧評論，這些研究涵蓋了1416名使用荷爾蒙補充療法的乳癌倖存者，並且累積了1998名的對照組患者。大多數女性是在確診二到五年間展開荷爾蒙補充療法，並在研究期間仍持續進行了平均三年。**相較於非荷爾蒙補充療法使用者，使用荷爾蒙補充療法的女性不僅乳癌復發率降低了10%，就連死於癌症或其他疾病的機率也略為降低了。**巴圖爾運用國家癌症研究所提供的「癌症在美國之發生率與存活率」的最新數據，計算出非荷爾蒙補充療法使用者因侵襲性乳癌造成的七年癌症相關死亡率為17.9%，荷爾蒙補充療法使用者則為4.5%。

先了解，再做決定

　　二十多年前，梅勒蒂·卡布勒與美國東岸癌症臨床研究合作組織的乳癌委員會，提出了一項新的行醫方針。他們寫道，「乳癌倖存者的雌激素替代療法臨床試驗受阻，有一部分是基於『不傷害至上』的原則。這類道德說教原則阻礙了道德反思，而道德反思的任務便是要評估事情的對錯。由於缺乏雌激素替代療法有害乳癌倖存者的證據，且雌激素替代療法對女性的健康具有潛在正面效應，我們在此提出一條新原則：先了解，再建議。」

　　我女兒在三十五歲那年，發現胸部長了腫瘤，後來變成癌症。由於她母親也在滿年輕的四十五歲就診斷出乳癌，所以我女兒發現腫瘤時便進行一連串檢查，看看是否有容易罹患乳癌的基因傾向，結果都是陰性。

　　她切除了腫瘤，並進行後續的放射治療。在確診前她就已經無法受孕，最後是以體外人工受精的方式生下我的孫女。

　　十二年後，我女兒進入了更年期前期，她問我應不應當進行荷爾蒙補充療法。

　　我們鉅細靡遺地討論，我還讓她讀了本書的早期草稿。她說：「爸，我不懂。在這之前，每當我需要醫學行動的建議時，你都會指引我朝你認為正確的方向走。你的建議從來都沒有什麼問題。所以你為何不直接告訴我，我該不該進行荷爾蒙補充療法就好？」

我告訴女兒的，就和我要告訴本書讀者的一樣。我說：「無論妳是否要進行荷爾蒙補充療法，我都不敢保證癌症不會復發。我希望妳長命百歲並保持健康，所以我提供給妳的是顯示荷爾蒙補充療法的益處與風險的證據。你我都要體認到，決定不採取荷爾蒙補充療法會造成某種後果，你會失去其諸多益處，但決定採取荷爾蒙補充療法也一樣。」

　　我想到辛達塔・穆克吉（Siddhartha Mukherjee）的明智觀察，他在《醫學法則》中寫說：「有完美的資訊，就不難做出完美的決策，但醫學會要你用不完美的資訊做出完美的決策。」

　　在我的建議和女兒的充分理解下，她決定進行荷爾蒙補充療法。

7

黃體素與避孕藥可以吃嗎？

不論是哪種形式的荷爾蒙補充療法，都與大腸癌風險的降低有關。
服用避孕藥十年以上的女性，卵巢癌和子宮內膜癌的罹患率全都下
降了。

本章重點

　　多年來，荷爾蒙相關藥物背負了許多罵名，前面幾章我們已經
透過許多證據，說明雌激素不但不會增加乳癌風險，反而與乳癌風
險降低有關。本章將討論荷爾蒙補充療法中的另一個主角，那就是
「黃體素」。

　　黃體素產品分為天然黃體素和黃體製劑（仿黃體素活動的合成
合化物）兩種。

　　在雌激素被證明利多且致乳癌風險極低的情況下，反對荷爾蒙
補充療法者便將槍口轉向黃體素，然而許多研究都證明了黃體素的
清白──黃體素有助於改善乳癌存活率 P222 ，就算使用黃體製劑的
乳癌風險略高於使用天然黃體素（原因可能在於較容易刺激雄性素

受體 P224），但即使如此，進行荷爾蒙補充療法（同時使用雌激素和黃體素）的女性，仍比沒有進行荷爾蒙補充療法的女性來得長壽，乳癌的死亡率也更低，而且荷爾蒙補充療法還能顯著降低大腸癌的風險 P225。

另一個普遍被大眾認為有問題的荷爾蒙相關藥物是避孕藥，因為大部分的避孕藥就是利用雌激素和黃體素來模仿月經週期，導致民眾同樣會擔憂使用避孕藥的乳癌風險或血栓風險，然而，研究結果依然指出，避孕藥對大部分人來說，並不危險。

即便是對乳癌倖存者來說，避孕藥的使用基本上也是安全的 P227，若為求謹慎，你可以先與醫師諮詢討論再決定是否使用。

雖然乳癌荷爾蒙因子研究合作團隊所做的統合分析指出，口服避孕藥與乳癌風險的小幅增加有關 P230，但也表明風險很小，服用避孕藥的女性中，大約每7690名中才會增加1位新乳癌患者 P231，而且必須放在年輕女性乳癌發生率低的背景下來理解，大部分的新乳癌病例是發生在四十歲以上仍在服用避孕藥的女性身上 P232。此外，我們也必須同時考量避孕藥的諸多好處：

・有效避孕。
・有助於經痛和經血過多的女性。
・有益於防範晚年卵巢癌、子宮內膜癌、大腸直腸癌。

每種醫療介入手法都有風險，你吃的維生素和保健品有，黃體

素和避孕藥當然也有，你不應該輕忽小風險，也不應該對這些小風險小題大作成迫近的危險，而是在通盤考量其利弊後，做出恰當的抉擇並且正確合理的使用。

多年來，阿夫魯姆在寫到或演講時提到荷爾蒙補充療法的好處，以及關於雌激素壞處的錯誤觀念時，人們經常提出他稱為「那麼……又如何」的問題。

那麼黃體素又如何？

一名女性寫電子郵件給阿夫魯姆時說：「我知道對我個人來說，難題已不再是要不要服用雌激素，而是要不要服用黃體素，因為黃體素似乎成了新反派。我甚至在考慮切除子宮，那就不必服用黃體素，不用讓我自己面對那種壞處，不過那麼做太激烈了，感覺很荒謬。」（確實是如此。）

那麼避孕藥又如何？一名年長女性寫道，「我女兒在吃避孕藥，但我記得早期的避孕藥含有大量雌激素，所以從那時以來我總是放不下心。我該不該擔心呢？避孕藥會增加她罹患乳癌的風險嗎？」

我們看看證據怎麼說。

黃體素是好或壞？

1930年代早期，有幾個國家的科學家曾將黃體素單獨提煉出來，並一致同意稱為「progesterone」（黃體素，又稱助孕酮、孕酮），因為它

是支持懷孕（孕前期）的荷爾蒙。黃體素會刺激子宮內膜細胞增生，以準備迎接可能到來的受精卵。循環體內的黃體素會在經期後半段增加，但如果受精未發生，就會掉回原來的基準。如果確實受精了，黃體素量則會持續上升，刺激子宮內膜細胞為胎兒提供有營養的環境。

黃體素是新反派嗎？

現今，「黃體素」（progesterone）這個詞往往會用來稱呼形形色色相關但不同的製劑，造成人們的誤解。

在美國，最常見的天然黃體素是商品名為「Prometrium」的微粒化黃體素，相對的，「黃體製劑」（progestin）則是一種仿黃體素活動的合成化合物。美國最常見的黃體製劑處方是「醋酸甲羥孕酮」（MPA，商品名為普維拉〔Provera〕）。荷爾蒙補充療法的常見形式「Prempro」，則是雌激素與醋酸甲羥孕酮的組合，「婦女健康倡議」研究使用的荷爾蒙補充療法就是Prempro。

對於寫信給阿夫魯姆的第一位提問者，我們可以立刻回答她的問題：請保留妳的子宮，服用黃體素吧。但她對黃體素「似乎成了新反派」的觀察是對的。2002年的「婦女健康倡議」研究指出，僅服用雌激素，不會增加乳癌風險；事實上，前文討論過，在婦女健康倡議接下來幾年的追蹤中，僅服用雌激素反而與風險降低有關。

一名研究員的結論是：「對於婦女健康倡議試驗中僅服用雌激素，並接受前後十三年追蹤的所有受試者（五十歲到七十九歲），唯一一項

具統計意義的結果是，她們服用共軛馬雌激素（普力馬林）後，罹患侵襲性乳癌的機率降低了。」

於是，為了持續反對荷爾蒙補充療法，「婦女健康倡議」的研究員及其支持者開始主張，加入黃體素是造成傷害的原因。由於接受荷爾蒙補充療法的女性遠多於雌激素替代療法，可以想見她們對此憂心忡忡。

黃體素其實能改善乳癌存活率

然而，大量證據同樣洗清了黃體素的罪嫌。事實上，就和雌激素一樣，黃體素常用來做為治療手法：

- 1986年，亨利克・凡・維蘭（Hendrik Van Veelen）及其在荷蘭雷瓦登市女執事醫院醫學部的同僚，主持一項以罹患晚期乳癌的停經女性為對象的前瞻性隨機研究。其中一半女性以黃體製劑「醋酸甲羥孕酮」治療，另一半以泰莫西芬治療，結果44%接受黃體製劑的女性，其腫瘤獲得部分或完全緩解，以泰莫西芬治療的女性有35%獲得部分或完全緩解。事實上，醋酸甲羥孕酮在治療骨轉移癌症及七十歲以上女性方面，甚至比泰莫西芬更有效。 ◀ 黃體製劑在治療晚期乳癌之停經女性效果比泰莫西芬好

- 1993年的一項針對所有已發表之隨機臨床試驗的回顧評論證實，黃體製劑在治療停經女性的轉移性乳癌方面，確實比泰莫西芬更加有效。 ◀ 黃體製劑在治療停經女性的轉移性乳癌上比泰莫西芬有效

- 在以1000名即將接受乳癌手術的女性為對象的一項隨機對照試驗中，印

度孟買腫瘤外科醫師拉金德拉・巴德韋（Rajendra Badwe），在手術前五到十四天為半數受試者注射一劑黃體素。五年後，相較於未接受黃體素的女性，這一劑黃體素大幅改善了切除腫瘤之後淋巴結受侵犯程度呈陽性的女性之預後（淋巴結並未受侵犯的女性已經有較佳的預後了）。

◀ 黃體素大幅改善切除腫瘤後淋巴結受侵犯之乳癌患者的預後

- 黃體素不足的女性（如因慢性問題而無法排卵的女性）罹患乳癌的風險偏高。以1000名黃體素不足的停經前女性為對象的一項對照研究發現，其乳癌風險高出四倍。 ◀ 黃體素不足之女性罹患乳癌的風險偏高

- 流行病學家布萊恩・史托姆（Brian Strom，已退休）及其在賓州大學臨床流行病學及生物統計中心的同事，主持了一項以4575名隨機選取的女性為對象的研究，受試者年齡在三十五歲到六十四歲之間，曾罹患侵襲性乳癌發現僅服用黃體製劑避孕四年的女性，其癌症復發風險並未比4682名的對照組女性高。 ◀ 黃體製劑避孕藥並未增加乳癌復發風險

　　黃體素也許能改善乳癌存活率。

　　2015年，赫辛・穆罕默德（Hisham Mohammed）及其在阿德萊德大學的蘿瑪・米契爾夫人癌症研究實驗室的團隊指出，那些調節著雌激素與黃體素活動的受體，能夠與DNA互動，抑制一大部分的乳癌生長；他們的發現使其標靶療法的前景看好。

　　兩年之後，劍橋大學英國癌症研究所的傑森・凱羅（Jason Carroll）指出，天然黃體素可以刺激乳癌細胞上的黃體素受體，進而抑制癌細胞的生長。

新代罪羔羊：合成黃體素

接著，有些研究者指出，好吧，也許問題不是出在較天然純粹的黃體素上，而是黃體製劑，即「婦女健康倡議」使用的合成黃體素。猜猜是誰提出了這種說法？沒錯。主張雌激素合併黃體素與乳癌風險增加有關的人，大多來自婦女健康倡議，但如前所見，婦女健康倡議在這方面的發現幾乎不具統計意義，而且與其追蹤報告並不一致。

有些研究員確實主張，「婦女健康倡議」並沒有真正的發現風險增加，那只是統計上的謬誤。就算那種風險的增加值得大書特書，也應該放在正確的視角下觀察，細心的內分泌學家暨維吉尼亞大學醫學教授理查．桑騰（Richard Santen）及其同事就是這麼做的。他們並不認為荷爾蒙補充療法可以長年使用，因為據信這會提升乳癌風險，但他們仍承認風險很低，「根據對最糟病例的分析，這名五十歲女性接受雌激素合併黃體素的荷爾蒙補充療法達十年之久，但其罹患乳癌的機率僅有4%；沒有接受荷爾蒙補充療法的話，則是2%。從沒有罹患乳癌的女性人數來看，這類統計聽起來比較令人放心，例如指出，接受荷爾蒙補充療法十年的女性有96%的人沒有罹癌，沒有接受荷爾蒙補充療法的人則是98%。」

為什麼黃體製劑造成的風險略高於黃體素，至今仍不得而知。有些黃體製劑會刺激雄性素（androgen）受體（男女皆有，只是比例大不相同），而大量的游離睪固酮（testosterone，一種雄性素）則經證實是乳癌的風險因子，在更年期前後皆是如此。

婦產科醫師安喬羅．嘉杜齊（Angiolo Gadducci）及其在比薩大學的

團隊主持的一項動物研究，支持關於黃體製劑的憂慮。他們切除成年母猴的卵巢，然後隨機讓牠們接受雌激素合併黃體製劑或安慰劑。使用黃體製劑的猴子，其乳腺管的單層上皮細胞增生較多。如果猴子服用的是微粒化（天然）黃體素而非黃體製劑，就不會出現細胞增生的現象。這種結果背後的精確生物機制，至今同樣不明，但一個可能的原因是，微粒化黃體素不會像黃體製劑那樣刺激雄性素受體。

2005年，另一位婦產科醫師卡羅・坎帕諾力（Carlo Campagnoli）及其在義大利杜林市的聖安娜婦科醫院的同僚，進行了一項大規模的文獻回顧，他們的結論是，使用口服微粒化黃體素，能消除任何與荷爾蒙補充療法有關的乳癌提升風險。

不過，別急著扔掉你的普維拉！雖然上述研究似乎顯示，為了小心起見，希望那些進行荷爾蒙補充療法的女性應該服用口服微粒化黃體素。但儘管如此，我們談論的是黃體素與黃體製劑之間微乎其微的差異，只有2%的落差。有些女性，包括阿夫魯姆的妻子瑪莎，服用普維拉（黃體製劑）的副作用，還比微粒化黃體素更少，不應讓她們過分憂慮。也要記住，就算以黃體製劑進行荷爾蒙補充療法會增加2%的乳癌罹患率，但前文也已提出了大量的證據說明，進行荷爾蒙補充療法的女性比沒有進行荷爾蒙補充療法的女性更長壽，乳癌的死亡率也更低。

荷爾蒙補充療法能顯著降低大腸癌風險

關於荷爾蒙補充療法的好處，還要記住一個重要的考量：它能顯著

降低大腸癌的風險，這是美國第三常見的癌症。根據2018年的估計，每年會出現近10萬名的大腸癌新病例，其死亡率高達52%，令人瞠目。然而，女性罹患大腸癌的機率一貫偏少，尤其是停經前女性，這意味著雌激素能保護結腸，使癌細胞不致滋生。數十年來，研究者只要拿服用荷爾蒙補充療法藥丸（相對於穿皮貼片）的女性，與未服用荷爾蒙的女性比較，大多會發現前者罹患大腸癌的風險較低，死於大腸癌的機率也偏低。

當然，並非所有研究都得出同樣的結果，但絕大多數是如此，即使是「婦女健康倡議」也不例外。在一項對參與婦女健康倡議的所有女性進行的分析中，猶他大學亨斯曼癌症研究所的亞瑟‧哈茲及其同僚發現，**不論是哪種形式的荷爾蒙補充療法，都能降低30%罹患大腸癌的風險。**另一項類似研究也發現，不論是僅使用雌激素，還是使用雌激素合併黃體製劑（貼片或藥丸不拘），都與大腸癌風險的「大幅降低」有關。

避孕藥是好東西嗎？

世上第一種口服避孕藥「異炔諾酮」（Enovid）在1960年時獲准面世，不過，在美國的二十六州，未婚女性使用異炔諾酮（或任何其他避孕藥）是違法的。五年後，在「格里斯沃爾德訴康乃狄克州案」（Griswold v. Connecticut）的里程碑判決中，最高法院裁定政府禁止夫妻使用避孕藥是違憲的。當時法庭還不敢理直氣壯地將避孕藥合法化，直到1972年的「艾森施塔特訴貝爾德案」（Eisenstadt v. Baird）後，才讓所有美國女性都能合法使用避孕藥。

避孕藥不會提升乳癌風險

　　最常用來製成避孕藥的雌激素，是「乙炔雌二醇」（ethinyl estradiol）。早期避孕藥中的雌激素劑量相對較高（異炔諾酮中有高達10毫克的乙炔雌二醇），有不多但數量仍令人擔憂的女性產生血管中的血栓，通常是在腿部。有時那些血栓會碎裂並遊走至肺部，導致肺栓塞，甚至會造成死亡。這種致命併發症顯然是不可接受的，在年輕健康女性身上會發生這種令人震驚的事，引起全國嘩然。此後，避孕藥中的荷爾蒙量大幅減少，現在，肺栓塞情況已極為罕見了。

　　今日口服避孕藥中的乙炔雌二醇有各種不同劑量。有些比荷爾蒙補充療法使用的劑量更高，有些則較低。有些低劑量口服避孕藥僅含有0.01毫克的乙炔雌二醇，而且主要是開給想避孕但月經不規則或過長（或過多），或有損害生活品質之荷爾蒙相關症狀的更年期前期女性服用。這些製劑能提供充分的雌激素，來紓解熱潮紅與其他血管舒縮症狀（避孕藥與荷爾蒙補充療法中的黃體素成分，往往是相近的）。

　　無論劑量多寡，口服避孕藥都是目前最有效的避孕法，如果依指示服用，失敗率低於1%。針對其安全與否，我們也已累積了近六十年的研究，對擔心雌激素會提升乳癌風險的女性而言，這些研究的結果十分令人放心，**即使對乳癌倖存者也很安全**：

・整個1980年代，美國疾病管制與預防中心的一連串癌症與類固醇荷爾蒙研究都反覆發現，口服避孕藥的使用與乳癌沒有重大關聯，即使是很早

使用、第一次懷孕前就使用、確診乳癌時正在使用，或有乳癌家族史的女性使用，皆是如此。 ◀ 口服避孕藥和乳癌沒有重大關聯

• 2002年，美國疾病管制與預防中心的另一項報告，評估了4574名乳癌女性患者與4682名對照組女性的比較結果。其中，有75%以上的女性正在或曾使用口服避孕藥。研究員並未發現使用口服避孕藥的時間長短或開始服用避孕藥的年齡（包括二十歲以前使用者），與乳癌風險的提升有關。 ◀ 口服避孕藥與乳癌風險提升沒有關聯

• 2007年，英國有一項以4萬6000名女性為對象的大型分群研究，受試者有半數在服用避孕藥，且所有受試者皆接受平均二十四年的追蹤。結果發現，使用口服避孕藥的女性出現乳癌的比率，並沒有比從未使用口服避孕藥的女性更高。 ◀ 口服避孕藥並未提升乳癌風險

• 2008年，流行病學家暨南加州大學凱克醫學院預防醫學教授珍‧費格雷多（Jane Figueiredo）及其同僚進行了「女性的環境、癌症與輻射流行病學」（Women's Environment, Cancer, and Radiation Epidemiology）研究，這項基於人口的對照研究聚焦於「708名曾有雙側乳癌的女性」與「1395名曾有單側乳癌的女性」有何異同。他們發現，不論是在原發性乳癌出現之前或之後使用口服避孕藥，都不會增加另一側乳房出現癌症的風險。乳癌風險也不會因年輕時就開始服用避孕藥或使用期間較長而增加。兩年後，針對患有原發性乳癌，且有乳腺癌基因一號或二號變異的女性，所進行的追蹤同樣顯示，口服避孕藥與另一側乳房出現乳癌的風險之間並無關聯。 ◀ 口服避孕藥並不會增加另一側乳房出現乳癌的風險

• 2010年的「護士健康研究」報告，在1344名乳癌患者中，僅有少數（精

確的數字是57人）使用口服避孕藥八年以上的女性，出現乳癌風險小幅增加的情況，且僅出現在服用黃體製劑的人身上，而目前已知黃體製劑會刺激雄性素受體。然而，由於這類患者很少，所以作者的結論是如下：「目前的口服避孕藥使用方式，不是造成乳癌的重大原因。」

◀ 口服避孕藥並非造成乳癌的重大原因 ▶

- 2013年的一項統合分析，針對十三項前瞻性研究、涵蓋85萬名女性中的1萬1722名乳癌病例進行分析，結果並未發現使用口服避孕藥（過去或現在）與乳癌之間有何重大關聯。 ◀ 口服避孕藥和乳癌沒有重大關聯 ▶

- 其他雌激素相關發現顯示，確診乳癌時正使用口服避孕藥的女性，其存活率比未服用雌激素的女性高。 ◀ 口服避孕藥提升乳癌患者之存活率 ▶

避孕藥能大幅降低卵巢癌風險

不過，確實有一些令人震驚的消息。美國每年的卵巢癌確診人數，約是新近確診的乳癌患者人數的10%，也就是說，如果卵巢癌患者有2萬2000名，乳癌患者就有22萬名。卵巢癌的治療與痊癒困難得多，而且目前仍沒有很好的篩檢方法；直到2018年，卵巢癌的死亡率（63%）仍比新近確診的乳癌患者之死亡率高出許多倍。

不過，現有的證據已經顯示，口服避孕藥能減少40%到80%的卵巢癌風險。在一項研究中，流行病學家馬丁‧維希（Martin Vessey）及其在牛津大學公共衛生系的同事蘿絲瑪莉‧潘特（Rosemary Painter），檢視了1968年到1974年間從生育計畫診所徵求的1萬7000多名女性的病歷，並且

追蹤至2004年。正在使用口服避孕藥的女性罹患卵巢癌的機率，比從未使用口服避孕藥的女性低了40%。此外，服用避孕藥十年以上的女性，更能降低足足80%的卵巢癌整體風險，這項益處在她們停止服用避孕藥後仍能持續近二十年。

微幅增加乳癌風險的研究

我們在第一章提過，面對流行病學研究時，不論受試者人數是多是少，都不可能得出百分百一致的結果，那就是我們必須以不同證據的馬賽克片來拼湊出整體圖像的原因——儘管有少數馬賽克片格格不入。避孕藥與乳癌的問題也一樣，我們應特別注意那些格格不入的少數研究，也就是那些顯示使用口服避孕藥的女性罹患乳癌的風險，有小幅但有意義地增加的研究。

1996年，乳癌荷爾蒙因子研究合作團隊（CGHFBC）進行了一項統合分析，檢視世界各地針對使用口服避孕藥與侵襲性乳癌的五十四項流行病學研究。他們在重新分析了5萬3297名女性乳癌患者與10萬239名無乳癌女性的數據後，發現那些使用口服避孕藥的女性罹患侵襲性乳癌的風險小幅提升，而此風險在停止服藥後仍持續了十年。然而，這個風險非常小。有多小？小到2004年作者群發表後續評論時，也不以為意了。這次他們表示，由於那些年輕到可服用避孕藥的女性，罹患乳癌的比率很低，樣本中罹患乳癌的絕對人數因而少之又少，所以表面上乳癌風險增加的任何現象，都不足以歸因於避孕藥。

儘管如此，就像白天之後是黑夜，企鵝追著魚群跑，恐怖故事總是會找上我們。而且非常……恐怖。它們引人注意，吸引讀者的目光，能刺激銷量，所以2017年，一個朋友打電話給我們，詢問某篇引起她憂慮的《紐約時報》文章是怎麼回事時，我們並不意外：

　　〈研究發現，避孕藥仍舊與乳癌有關〉

　　這篇文章的主標題下得聳動，連其副標題也不遑多讓：「丹麥科學家指出，相較於不使用荷爾蒙的避孕法，使用避孕藥與釋放荷爾蒙的子宮內避孕器，使女性面臨較高的風險。」新聞中描述了《新英格蘭醫學期刊》剛發表的文章，其報告了一項追蹤180萬名十五歲至四十九歲的丹麥女性十年的全國前瞻性分群研究的結果。研究發現，目前與近期使用口服避孕藥的女性，以及使用釋放荷爾蒙的子宮內避孕器的女性，其乳癌罹患率有升高的情形。《紐約時報》記者羅妮‧凱林‧瑞賓（Roni Caryn Rabin）接著立刻指出，「絕對風險很小。」

　　事實上，在隨同刊登於《新英格蘭醫學期刊》的評論〈口服避孕藥與乳癌風險的小幅增加〉中，牛津大學流行病學暨醫學教授大衛‧J‧杭特（David J. Hunter）便強調那個風險確實很小：「大概每7690名目前與近期的荷爾蒙避孕藥使用者中，才會增加1名左右的新乳癌患者。」他將上述發現置於先前研究的背景下觀察，包括發現風險增加的研究（例如乳癌荷爾蒙因子研究合作團隊的研究）與未發現風險增加的研究（例如美國疾病管制與預防中心的報告）。

如同乳癌荷爾蒙因子研究合作團隊，大衛・J・杭特的結論是，這份研究的臨床意義「必須放在較年輕女性的乳癌發生率低的背景下來理解」，並指出研究中的新乳癌病例大多發生在四十歲以上仍在服用避孕藥的女性身上。

最重要的是，他寫道，「乳癌風險必須拿來與口服避孕藥的益處相互權衡」，而避孕藥有諸多令人印象深刻的益處，遠遠壓過上述風險：它能提供有效的避孕方法，能協助有經痛或經血過多的女性，而且與晚年卵巢癌、子宮內膜癌、大腸直腸癌的風險大幅降低很有關聯。

為了強調出這一點，《紐約時報》的記者將以下連結直接插入報導當中：

（請參閱：避孕藥對防範癌症也有幫助）

《美國醫學會期刊：腫瘤學卷》刊出的一項2018年的研究顯示，確實如此。

國家癌症研究所癌症流行病學與遺傳學部的卡拉・米歇爾斯（Kara Michels）等人，發表了一項前瞻性研究的結果，該研究以19萬6536名以上的女性為對象，從1995年追蹤到2011年。

大約有半數女性參與這項研究時，正在使用口服避孕藥。研究員發現，使用口服避孕藥十年以上的女性，其卵巢癌的罹患率低了40%，子宮內膜癌的罹患率也有類似的下降。他們並未發現口服避孕藥與乳癌的罹患可能性之間有關聯。

注意風險，但不要小題大作

由於許多女性擔心黃體素與避孕藥的可能風險，我們來回顧一下：

- 「黃體素」是支持懷孕（孕前期）的天然荷爾蒙，但這個詞往往會用來指稱不同製劑。最常使用的天然形式是微粒化黃體素：Prometrium。相對地，黃體製劑則是仿黃體素活動的合成化合物。在美國，最常開的黃體製劑藥方是醋酸甲羥孕酮（商品名為普維拉）。

- 雖然黃體素在反對荷爾蒙補充療法的主張中似乎已經變成「新反派」，但有壓倒性的證據驅散了這種疑慮。就和雌激素一樣，黃體素常用來當成女性乳癌患者的有效療方，甚至能改善乳癌存活率。

- 研究指出，如果女性接受荷爾蒙補充療法時，使用的是口服（天然）形式的微粒化黃體素，其乳癌風險不會增加；如果服用的是合成黃體製劑，那風險會微幅增加，但僅增加2%。儘管如此，有些接受荷爾蒙補充療法的女性，對黃體製劑的反應比微粒化黃體素更好，不應為此擔憂，因為更重要的整體發現顯示，接受荷爾蒙補充療法的女性壽命較長，而且其乳癌死亡率明顯比未接受荷爾蒙補充療法的女性更低。

- 接受雌激素替代療法或任何一種荷爾蒙補充療法的女性，罹患大腸癌的風險明顯偏低。

- 口服避孕藥非常安全，且效益甚佳。大多數研究（如美國疾病管制與預

防中心的報告）反覆顯示，服用口服避孕藥與乳癌並無關聯。就算女性開始使用口服避孕藥的年紀很輕，以上發現仍然有效，不論她是在第一次懷孕前便開始服用、確診乳癌時正在服用，或有乳癌家族史，都不影響上述的發現結果。

　　研究者與醫師皆同意，困難的地方在於，你不應忽視小風險，也不應小題大作地把它擴大成迫近的危險。「沒有哪件事物是毫無風險的，荷爾蒙避孕藥也不例外。」前述研究的作者之一奧伊溫德·李德嘉德（Øjvind Lidegaard）就是這樣告訴《紐約時報》的。

　　我們反覆強調，不論是檢驗、手術還是藥物，每種醫療介入手法都有風險。即使是像維生素這種看來好處多多的東西，一旦誤用或濫用，也可能帶來風險；例如維生素A過多症與維生素D過多症，就是這兩者過量所造成的病症，有潛在致命的危險。相反地，今日看電視藥品廣告的人，大多已對其聊備一格的警告視若無睹，這類從疹子列到死亡的警告通常長到令人發噱（所以才會有那種嘲諷廣告藥品會讓你的手肘生毛或腳斷掉的笑話）。

　　但忽視嚴正警告的人有一個問題，就是反而會把瑣碎的警告看得太嚴重。我們在前一章指出，在「婦女健康倡議」發表報告後，美國食品藥物管理局緊接著便規定所有荷爾蒙療法產品，包括雌激素陰道乳膏在內，都必須以黑框加註警告，提醒使用者注意心臟病發、中風、血栓、乳癌、失智等「風險」。

　　在2017年《更年期：北美更年期學會期刊》的一篇評論中，辛西

亞‧史騰克爾（Cynthia Stuenkel）寫道，「許多臨床醫師開陰道用雌激素時都會感到氣餒，因為患者回診時無不表示，讀過藥袋裡的用藥說明後，她（或她的伴侶）決定還是不要為黑框裡的警告而冒險比較好。」畢竟，性愛再怎麼舒服，也不會比中風、癌症或失智症重要！

但奇蹟不會絕跡，醫學持續進展。2018年1月，「婦女健康倡議」研究員宣布，陰道乳膏的雌激素劑量與乳癌風險的提升無關。他們才花了十六年就改變心意，誰知道呢——也許十六年後，他們對荷爾蒙補充療法的看法也會改變。

結論

荷爾蒙補充療法益處大於風險

荷爾蒙補充療法對心臟、骨骼、腦部、壽命的益處，遠遠超過了風險。我們不應該對女性接受荷爾蒙補充療法的時間長短設下武斷的限制。

在本章中，阿夫魯姆會描述自己試著找出與意見不同的同事之間的共識時所面臨的挑戰，回顧荷爾蒙補充療法的好處與風險，並回答患者提出的某些關鍵問題；我們認為讀者也可能提出這些問題。

如果本書讀者的醫師仍然亦步亦趨地恪守「婦女健康倡議」立下的方針，阿夫魯姆還提出十個關鍵問題，希望能成為讀者與醫師對話的實用起點。

◦ ～ ◦ ～ ◦ ～ ◦ ～ ◦ ～ ◦ ～ ◦ ～ ◦ ～ ◦ ～ ◦ ～ ◦ ～ ◦ ～ ◦

針對荷爾蒙補充療法的多方辯論

多年前，我獲邀與時任加州大學乳癌中心主任的蘇珊・蘿芙（Susan

Love），針對雌激素與乳癌的關係，在一群南加州醫師與癌症研究者面前辯論。身為客座講者，由我打頭陣。我一開頭就說，我很確定每個人，包括蘇珊在內，在這場辯論結束後會帶著某種共識離開，畢竟我們的目標都是預防與根除乳癌。我提出論點，總結了各位在本書中讀到的主旨，然後坐下來聽蘿芙如何應對我提出的證據與結論。

蘿芙開口表示，她絕不同意我的觀點，因為她強烈反對將更年期當成疾病看待，任何認為荷爾蒙補充療法有益處的人，顯然都將更年期貼上了需要治療的疾病標籤。

她說，女孩們在青春期前都過得好好的，青春期後的接下來數十年中，她們歷經了情緒與身體上波濤洶湧的變化，只有到更年期後，我們才有像愛蓮娜・羅斯福（Eleanor Roosevelt，編註：美國第三十二任總統富蘭克林・羅斯福的妻子，同時也是一位政治家、女性主義者）、英迪拉・甘地（Indira Gandhi，編註：前印度總理）、郭達・梅爾（Golda Meir，編註：以色列猶太裔女性政治家、外交家及社會活動家）及許多停經後的支持婦女參政者，協助了女性獲得選舉權（她忽視了所有上述女性其實一輩子都是行動人士的事實）。蘿芙的結論是，問題不在於女性在更年期後因雌激素不足而受苦，而是她們從青春期到更年期都「慘遭雌激素毒害」。

她的一番言論，讓全場陷入一片死寂。

後來，蘿芙成為蘇珊・蘿芙博士研究基金會的會長，並出版過幾本暢銷書，其中《蘿芙博士的更年期與荷爾蒙書：做出明理有見識的決策》一書重複了雌激素毒害的論調，還列出了更年期的其他優點。她說，更年期是女性不再覺得自己「處處受限，非找男人繁殖不可」的時期。她持

續推廣將更年期「醫學化」對女性有害的觀點，因為根本沒必要這樣侵入女性人生中完全正常的那一面。

話說回來，要辯贏蘿芙並不難，她的立場流於簡單，但也很清楚；但要我在日後多年的不同場合中，與著名醫師與流行病學家辯論，那就難了。他們如果不是為「婦女健康倡議」工作，支持其核心主張，就是相信雌激素是致癌物。

乳癌發生率在雌激素下降的更年期後反而持續升高了

麥爾坎・派克（Malcolm Pike）便是持這類觀點的專家之一，他是數理統計博士，曾任牛津大學癌症流行病學小組組長、南加州大學流行病學系系主任，現為「紀念斯隆—凱特琳癌症中心」流行病主治醫師，在那裡是公認的「著名流行病學家，對理解荷爾蒙相關的乳癌做出了舉足輕重的貢獻」。派克秉持的立場始終是：乳癌與荷爾蒙有關。而讀到這裡，你應該已經知道我為什麼相信，儘管秉持這種立場的大牌專家不在少數，但該立場缺乏大量反證研究的支持。

2003年，我與派克在一項持續進行的醫學教育計畫中，在一群醫師觀眾面前辯論，我一如既往地尋求共識。

我對他說：「我們都同意，乳癌發生率在更年期與之後仍持續升高，即使對沒有進行荷爾蒙補充療法的女性也是如此。如果雌激素真的是乳癌的肇因，發生率不是應該下降嗎？而且是驟然下降，因為循環雌激素在進入更年期後劇烈減少。」

他同意乳癌發生率在雌激素減少的年長女性身上仍持續提升，但他接著說，那種上升率會隨著雌激素的減少而下滑。

我心想，你再說一次？我大聲問道：「這和我的論點有什麼關係？重點是，乳癌發生率在進入老年後仍持續穩定上升。如果雌激素是造成乳癌的一項主因，發生率應該穩定下降才對。為什麼沒有？」

「我不像布盧明醫師是真正的醫師。」派克對觀眾打趣道：「我拿的是博士學位，不是醫學士學位，而我的博士學位是統計學學位。」他這句話的意思是，他才握有那張能提出充分答案的文憑。

乳癌發生率下降和「婦女健康倡議」無關

2007年，我有機會與彼得・雷夫汀（Peter Ravdin）醫學博士在聖安東尼奧乳癌研討會期間，於一個廣播節目上辯論；我們討論到荷爾蒙補充療法與乳癌的關係。

乳癌發生率下降並不是因為荷爾蒙補充療法處方驟降

身為德州大學乳房健康診所主任的雷夫汀，日後會獲得美國乳癌學會頒發的探索獎章，以推崇「這位革新者藉由跨學科理解，將生物學直覺、臨床與翻譯研究、臨床實踐結合起來，強化了抵抗乳房疾病與乳癌的戰力」。

辯論期間，雷夫汀指出，乳癌發生率在2002年「婦女健康倡議」發表第一份報告後的八個月內下降了，由於沒有其他解釋存在，他將這下降

的現象歸功於開出的荷爾蒙補充療法處方驟降的結果，女性不再接受雌激素合併黃體製劑的危險療法了。

「不幸的是，事實與你的論點不同。」我反駁道：「那種下降情形早在2002年婦女健康倡議發表報告之前，從1999年就開始了。此外，大多數乳癌都要花很長時間才會變成診斷得出來的腫瘤，時間長到超過八個月。」

雷夫汀說，好吧，他談的僅是還未被診斷出來、數量很小的「亞臨床」乳癌，根據他的猜測，那類情形在荷爾蒙補充療法中止之後，便停止增加了。

「如果我們觀察到的全國乳癌發生率的下降，主要是指你描述的那類很小、甚至非侵襲性的乳癌，那你的立場還可信。」我說：「但並非如此；那種大幅下降是出現在大型、侵襲性的腫瘤上，而那類腫瘤生長要八個月以上。此外，黑人女性的乳癌發生率並未下降。再說，接受荷爾蒙補充療法的女性絕大多數都沒有得乳癌，而得乳癌的女性絕大多數都沒有接受過荷爾蒙補充療法，你沒有證據證明，那種下降的情形只發生在接受荷爾蒙補充療法又中止的女性身上。順道一提，在挪威，於婦女健康倡議提出報告後中止荷爾蒙補充療法的女性比率，和美國一樣多，但她們的乳癌發生率卻未下降。你要如何代表婦女健康倡議，將美國而非挪威乳癌發生率的下降，歸功給婦女健康倡議？而且那種下降情形還僅出現在白人女性身上？」

他沒有回答，只是一再重複自己的信念，表示「婦女健康倡議」讓女性中止荷爾蒙補充療法，拯救了很多條性命。那一年，我和其他幾位作

者在《美國醫學會期刊》上發表一篇交流文章，批評婦女健康倡議將乳癌發生率的下降歸功給自己，雷夫汀與其同僚仍然堅稱，「雖然無法蓋棺論定地證明，荷爾蒙補充療法使用者的驟降與雌激素受體陽性之乳癌的發生率陡降，兩者的碰巧發生是否有因果關係，但我們仍缺乏其他更可靠的解釋。」這段話的意思是什麼？是指婦女健康倡議無法解釋乳癌發生率為何下滑，但它樂得邀功。

麥爾坎‧派克與彼得‧雷夫汀都是其各自領域中的巨人，都值得崇敬，但兩人的盛名不應使我們無視於其論點隱含的矛盾。雷夫汀說，由於女性中止荷爾蒙補充療法而使雌激素減少，所以乳癌發生率跟著下降；派克說，女性年紀漸長、雌激素減少時，乳癌發生率雖然不減反升，但「速度不快」（不論其意思為何）。兩人都將證據削足適履地套進自己先入為主的觀念中。

實情：服用雌激素之乳癌倖存者的整體死亡率偏低

我多年來都在閱讀「婦女健康倡議」研究員的評論。

其中有些人把「婦女健康倡議」的原始立場當成教條般深信不疑，至今仍堅稱婦女健康倡議是歷來最佳的研究，因此就荷爾蒙補充療法而言，它提出的結論最可靠——亦即，荷爾蒙補充療法會造成乳癌。其他人則小心翼翼地承認，好吧，也許早期那些恐怖故事確實是言之過早，有點誇大了。2007年，「廣告住嘴吧！荷爾蒙補充療法會導致乳癌，還會提升其他疾病的死亡率！」那類新聞稿與標題發表五年後，《科學人》的一位作者請婦女健康倡議的幾位主事者談談其目前的觀點。

「事後來看，可以說也許我們應該更強調要合理使用荷爾蒙補充療法吧。」主持這項計畫的心臟病專家雅克‧羅斯素表示。第一章說過，早在「婦女健康倡議」之前，他多年來都希望遏止荷爾蒙補充療法「陣營」的腳步。

討論到驟然中止的「婦女健康倡議」時，瑪莎‧史丹芬妮克（Marcia Stefanick）說：「也許我們不需要那麼做。事情沒有那麼緊急。你知道的，也不是說有人正面臨著那種負面後果的嚴重威脅。」她等了五年才這麼說？婦女健康倡議的首次報告之所以造成莫大衝擊，原因就出在它認為荷爾蒙補充療法的負面後果正「嚴重威脅著」女性。史丹芬妮克接著說：「我希望我們已想出變更處方，又能減少女性受苦的方法了。」我可以想到的幾個改變方法是：別在整個團隊還沒讀過並同意之前，就急著將文章發表在《美國醫學會期刊》上；考慮以慎重合宜的方式呈現數據；承上，也要確定你的數據穩固可靠。

約安‧曼森也提出了她的看法：「如果把所有先前的研究納入考量，我們也許就能找出理由，更仔細地檢視年齡的差異、進入更年期已多久的差異……如果將這些因素納入最早的報告，也許最終形成的觀點，就能幫上比較年輕的女性。」「也許就能找出理由」？當然應該這麼做。

後來，其他「婦女健康倡議」研究員進行的重新分析，牴觸了早先的結論，但他們並未承認錯誤，而是一如既往地瞎扯，即使手中證據顯示荷爾蒙補充療法有其益處，他們對荷爾蒙補充療法仍沒有一句好話。

舉例來說，在2012年發表於《刺胳針腫瘤學》的一篇文章中，「婦

女健康倡議」研究員便逐步撤回了他們對雌激素與乳癌的主張。他們指出，**相較於服用安慰劑的女性，僅服用雌激素的女性死於乳癌的機率偏低，但其實是，在乳癌確診後死於所有肇因的機率都偏低**。不過，這項報告的主要作者加奈特‧安德遜告訴《西雅圖時報》：「結果對有乳癌家族史的女性來說不太有利。」（不對，我們從第一章談過的乳腺癌基因陽性女性的研究 P042 便可看出這一點）；「2002年喊停的雌激素合併黃體製劑試驗，發現服用Prempro的女性……罹患乳癌的風險偏高。」（不對，那種風險不具統計意義）；「2004年喊停的雌激素試驗，發現僅接受雌激素的女性有中風風險，且無法預防心臟病發。」（不精確的說法，詳見第三章）；「如果這些女性持續使用雌激素十或十五年，很難說會發生什麼事。」（可以的，我們從多項研究的豐富數據中，便可得知女性使用荷爾蒙十年、十五年、二十年的影響）。

那麼，他們對女性使用雌激素後死亡率下降的重要發現，又怎麼說？加奈特‧安德遜仍建議小心為要，因為「關於死亡率的數據很薄弱」。但那些發現是具有統計意義的，許多其他研究也支持荷爾蒙補充療法能延長女性壽命的結論。不過，她仍僅滿足於「數據很薄弱」的觀點，儘管她和研究同儕可以膨脹數據，以不具統計意義的結果宣稱「荷爾蒙補充療法會增加全因死亡風險」，引起大眾擔憂。

她只有在面對好消息時才選擇謹慎；她最重要的發現之一是：在更年期開始後的「機會之窗」期間進行荷爾蒙補充療法，有助於預防心臟病發與中風，但她對此隻字不提。從這一點來看，她已經不是醫師，而是生物統計專家了。

為什麼「婦女健康倡議」如此堅持？

　　或者，可以來看看約安・曼森在2015年的評估，她寫說自己仍相信荷爾蒙補充療法會增加乳癌風險，但她願意承認，荷爾蒙補充療法預防骨折、糖尿病、子宮內膜癌等保護功效可「抵銷」前述風險。她似乎忘記了，「婦女健康倡議」早期曾宣稱荷爾蒙補充療法會增加「全因死亡率」，現在反而說兩者能相互平衡。她告訴《泰晤士報》的記者說：「如今我們可以向女性保證，儘管有風險，但荷爾蒙補充療法有其他好處可以彌補，這表示它對死亡率的效果是中性的。」這麼說可是避重就輕地牴觸了「婦女健康倡議」本身的證據。

　　在2017年發表於《美國醫學會期刊》的一項後續分析中，曼森與其同事報告，經過十八年的追蹤，接受雌激素替代療法或荷爾蒙補充療法的女性死於心臟病、乳癌、任一種癌症或任何其他疾病的人數，都沒有比未接受荷爾蒙的對照組女性來得多。

　　我們怎麼沒讀到「抱歉嚇到大家，我們反應過度了？」這樣的新聞稿和新聞標題呢？

　　卡蘿和我向友人談到本書的論點時，他們的反應往往類似：「搞什麼啊？婦女健康倡議的研究員為什麼要這樣？為什麼明明沒有確鑿的證據，卻要引起一陣大恐慌？他們的動機何在？」我們總是回答，我們懷疑研究員目的不純正或有意欺騙。不過，其實似乎是因為，他們就是深信雌激素與荷爾蒙補充療法有害，所以才不吝對自己的數據上下其手，以證實他們的假設。

你可能還記得第一章談到「婦女健康倡議」為什麼要從不具統計意義的數據誇大乳癌風險的重要性時，那位資深婦女健康倡議研究員說的話：如果茲事體大，但因為所費不貲，所以你無法再做一次研究時，他說，那就「必須請統計警察手下留情」了 P053 。然後又來了個想遏止荷爾蒙補充療法陣營的雅克‧羅斯素。

　　史蒂文‧史羅曼（Steven Sloman）與菲力普‧費恩巴赫（Philip Fernbach）在《知識的錯覺：為什麼我們從未獨立思考》中指出：「科學態度不是建立在對證據的理性評估上，因此提供資訊並不會改變其態度。科學態度其實是由一組脈絡與文化因素所決定，使其大多不受變化影響。」

　　綜觀數十年來的更年期荷爾蒙研究與辯論時，便能發現上述情形。過去七十年來，關於荷爾蒙補充療法的益處與風險的證據（來自動物研究、人體研究、觀察性研究、隨機對照研究、先導研究、臨床研究等等）大同小異，但對那項證據的詮釋卻因為「脈絡與文化因素」而改變了。

　　在我們社會的任一個既定時代，形塑著女性及其醫師對荷爾蒙「替代」是好是壞、是健康還是有害、是女性主義還是反女性主義等觀點的，就是這類因素。

　　對我們的論點提出不同反應的人，還有我們寫信請教過的醫師、流行病學家、女性健康行動人士等，我們十分重視他們的意見，也敬重他們，而他們都相信「婦女健康倡議」是有價值且具開創性的研究。在他們的明確邀請下，我們將自己發表於《癌症研究》與《更年期學》的文章寄給他們，並說：「請告訴我們，我們錯在哪裡。請看看我們重新分析婦

女健康倡議結論的地方；我們是否在哪裡離題了？請看看他們如何為了硬擠出有意義的結果而進行的數據探勘。請看看他們的樣本在年齡與健康狀況上是如何不具代表性，但他們卻任意把自己的發現延伸到所有更年期女性身上。你覺得這樣沒關係嗎？」兩名同行的回答大致上是說，婦女健康倡議是一項隨機對照研究，他們只需要知道這一點就夠了，無論如何缺陷百出，它都是我們迄今最好的研究，而且可能後無來者。其他人基本上則採取蘇珊・蘿芙的立場：「你永遠說服不了我，我永遠不相信荷爾蒙對女性有益。」不過，更多的信件根本未獲得回音。

我們了解這種沉默的原因何在。當你相信某個假設（例如，荷爾蒙補充療法會造成癌症、把更年期當成醫療狀況對女性不是好事）像地球是圓的一樣顯而易見，是普世公認的假設，卻還要向人解釋自己為何相信它，著實令人厭煩。如果哪個瘋子相信地球是平的（不可思議的是，這類觀點仍在網路上的各個陰謀論角落不斷繁殖），並請我們為地圓說的立場辯護，那我們也不會回覆，而你大概也不會吧。當然，嚴肅的科學家會努力排解歧見，解釋數據，在同儕評論期間提出基本假設，並在專業期刊上發表論點。但他們愈是相信自以為的真相再明顯不過，就愈是無心應付反對者的立場。比起捲入相關爭論，不如直接忽略對方的立場來得容易。

所有人都有偏見

那些為「婦女健康倡議」辯護的人，提出了多項主張來支持雌激素有害的觀點，例如人生中暴露在荷爾蒙中的時間長（初潮早來與較晚停

經），乳癌風險也跟著偏高，或是泰莫西芬的效用類似反雌激素，因此其療效就證明了雌激素有致癌性等。第一章已蒐集了各種不同研究的證據，推翻了上述說法與「雌激素有危險」的其他主張。

心理學家卡洛・威德（Carole Wade）是卡蘿的朋友與共同作者，她經常在大學課堂上用一個隨處可見的例子來說明這種情形。她說：「累積事實來支持一項過時的科學理論，就像把標準雙人尺寸的棉被塞進加大的雙人被套中，你勉強塞得了三個角，但第四個角永遠塞不好。有些科學家會盡一切力量去塞滿每個角，但最後他們仍會需要一條新棉被或新被套。」

關於「雌激素會造成乳癌」的證據就是這樣一條不合被套的棉被，但如果你是做雙人被套生意的人，就會無所不用其極把第四個角塞滿。

認知心理學家丹尼爾・康納曼（Daniel Kahneman）將這種保護機制稱為「理論引致的盲點」（theory-induced blindness），他在自己和許多同僚及其他科學家身上都診斷出這種狀況。他寫道：「一旦你接受了某個理論，把它當成你的思想工具，那你要察覺它的瑕疵就會比登天還難。如果你遇到似乎不合模型的觀察，就會假設哪裡一定有十全十美的解釋，只是你遺漏了。你願意相信該理論的真實性，也很信任那些接納它的專家。」

我們很清楚批評者會指控我們自己就有理論引致的盲點。他們對我們的論點有兩大批評：一是，我們鐵定是因為利益衝突才懷有偏見；二是，「婦女健康倡議」的隨機對照試驗是針對荷爾蒙療法最重要的研究，我們其實是想削弱其重要性，目的是要譁眾取寵。

消費者行動人士與生物倫理學家都曾大量討論研究中的利益衝突問題（卡蘿也是）。現任史丹佛大學醫學院醫學系與衛生研究及政策系教授的約翰‧伊安尼迪斯（John Ioannidis），向來是製藥業贊助醫學研究的強力批評者，能言善道，他也將荷爾蒙補充療法研究歸入那個範疇。我尊敬他的著作，從我與他的私人通信中，我得知他相信指出荷爾蒙會提升乳癌風險的數據是強而有力，在科學上是可信的。我們同意彼此對荷爾蒙補充療法的意見不同。接受藥廠資助的研究員，確實較可能得出其贊助者所想要的結果，但詮釋研究結果的偏見問題，是許多研究者共有的，不論他們接受誰的贊助。在回顧發表於1995年至2011年的一百六十四項乳癌相關隨機對照研究時，研究者發現，有很高比例的研究在詮釋結果時「加油添醋，懷有偏見」，不論其資金來源是產業還是政府。

這裡的啟示不是所有研究都動過手腳，在所難免，而是所有人都是帶有偏見的，有時是因為錢，有時是因為個人信念，而我們必須盡力批判性地評估並衡量，以得出所能獲得的最佳科學與臨床資訊。

最後，我們再來談談婦女健康倡議的問題。

「婦女健康倡議」研究的十大關鍵問題

2017年12月，《美國醫學會期刊》刊出美國預防服務工作小組（USPSTF）的一份報告，報告中重申了小組為何反對給予無惱人症狀的停經女性進行荷爾蒙療法。這份評論指出，它針對的不是以荷爾蒙來預防或治療更年期症狀，但它力勸勿以雌激素替代療法或荷爾蒙補充療法做為

停經女性預防慢性問題的主要手法。報告中陳述，儘管接受雌激素的女性，罹患乳癌、糖尿病、骨質疏鬆性骨折的風險，比服用安慰劑的女性顯著偏低，但同時其罹患膽囊疾病、中風、尿失禁、靜脈血栓的風險卻變高了。此外，接受雌激素合併黃體製劑荷爾蒙補充療法的女性，儘管罹患大腸直腸癌、糖尿病、骨質疏鬆性骨折的風險，也比服用安慰劑的女性顯著偏低，但其罹患乳癌、失智症、膽囊疾病、中風、尿失禁、血栓等的風險卻大幅偏高。雖然小組證實荷爾蒙補充療法有諸多益處，但它的結論是，荷爾蒙弊多於利。

這個小組的結論幾乎完全是根據「婦女健康倡議」的發現而來。

一位備受尊崇的研究者與流行病學家黛博拉・格雷迪在隨同刊出的評論中寫道：

> 二十五年前，我是一篇系統性文獻評論的共同作者，評論的文獻皆支持美國醫師協會的方針，同意無症狀的停經女性應進行預防性的荷爾蒙療法，當時有三十多項研究認可荷爾蒙療法有益於預防骨質疏鬆性骨折與冠心病事件。美國醫師協會的方針則建議，所有女性都應考慮以荷爾蒙療法來預防疾病，並特別建議有冠心病風險的女性使用。
>
> 然而，那篇系統性回顧囊括的研究全都是觀察性研究，沒有一份是有臨床結果的隨機試驗。

格雷迪就跟美國預防服務工作小組及其他許多團體一樣，將其行醫

方針建立在「婦女健康倡議」上，對其隨機對照研究充滿信心。但如同我們在第三章看見的，有時那種黃金標準的核心扭曲變形，邊緣參差不齊，而且那不是通往真理的唯一一條路；在許多醫學領域，觀察性研究的發現同樣具有優良的品質與實效。前文比較過隨機對照試驗與觀察性研究在十九項不同醫療方法上的結果異同，而我們發現大多數領域的結果相近。

事實上，美國臨床腫瘤學會的官方期刊曾在2017年發表一篇研究聲明，強調「觀察性研究啟發臨床決策的潛力尚待探勘」，因為觀察性研究往往能回答隨機對照試驗所無法或未曾回答的問題。

在2017年《新英格蘭醫學期刊》的一篇回顧文章中，美國疾病管制與預防中心前主任湯瑪斯‧R‧富萊登（Thomas R. Frieden）比較了隨機對照試驗與其他方法的異同，辨別出兩者的強項與弱項。他寫道，有些研究方法其實優於隨機對照試驗，能「為臨床與公共衛生行動提出有效證據……吹捧隨機對照試驗而犧牲其他潛在價值高的數據來源，反而是弊多於利」。

我們在這本書中蒐羅各種的不同研究，就是要從其馬賽克中拼出全貌。哥倫比亞大學內外科醫學學院生殖內分泌部婦產科學教授暨研究主任羅傑‧羅勃（Roger Lobo）在2017年發表的一篇醫學評論就採用了這種做法。他指出，從觀察性統合分析、隨機對照試驗、「婦女健康倡議」本身、對隨機試驗進行的考科藍統合分析，到觀察性研究，所有科學方法都一致顯示，女性接受荷爾蒙補充療法後，其死亡率會下降20%到40%。

在羅勃反駁了婦女健康倡議的「我們是此議題上唯一且最佳研究」姿態之後，以下我們將總結關於婦女健康倡議的十大問題，相信這十點嚴

重限制了它聲稱自己是黃金標準科學的主張，以及其他主張的有效性。

1. 「婦女健康倡議」急著把定稿交給《美國醫學會期刊》發表，卻未讓大
多數共同研究者過目，遑論獲得准許。直到十五年後，其中一位研究員
才撰文猛批上述做法違反了科學程序，並批評「婦女健康倡議」及《美
國醫學會期刊》所完成的文章。

2. 「婦女健康倡議」發現荷爾蒙補充療法會增加乳癌風險（這是其研究提
早結束的主要原因），但這項發現不具統計意義。不過，仍有少數婦女
健康倡議的研究主持人決議，由於乳癌是美國女性憂心的一大問題，所
以放低統計成規的標準沒什麼關係。婦女健康倡議在期刊文章發表前，
就以新聞稿大力鼓吹其不具統計意義的乳癌風險增加結果，在證據還不
明朗之前，就將那股恐懼傳遍全球。

3. 「婦女健康倡議」的研究樣本平均年齡是六十三歲，無法代表所有更年
期女性。不過，研究員對於將結論延伸到進入更年期的五十多歲女性身
上並做出建議，覺得並無不妥。

4. 「婦女健康倡議」的研究樣本無法代表健康女性。受試者近半數曾是或
現在是吸菸者；超過三分之一的人曾接受高血壓治療；整整有70%的女
性嚴重超重或肥胖。

5. 「婦女健康倡議」的研究發現往往前後並不一致，相互牴觸。2002年，
研究員發現了乳癌風險不具統計意義地略微提升了，但是這項提升僅
出現在接受荷爾蒙補充療法的女性身上；2003年，那項風險僅具邊緣意
義；2006年，那項風險消失無蹤了。僅服用雌激素的女性起初沒有發現

風險提升的情形;三年之後,雌激素替代療法反而顯示與乳癌風險的降低有關。

6. 有些「婦女健康倡議」的主張全是來自數據探勘,這種統計做法在科學分析中公認是不可接受的。數據探勘意指,如果你不滿意自己的研究發現,就回到數字裡操弄一番,直到得出你喜歡的發現結果為止。以2006年的婦女健康倡議文章為例,雖然研究顯示荷爾蒙補充療法的風險整體而言確實消失了,但研究員並未指出這一點,而是改變自身分析的規則,進行回溯數據分層,直到得出他們所謂風險偏高的一小群樣本,然後做出了誤導大眾的詮釋。

7. 「婦女健康倡議」聲稱,雌激素就連協助緩解更年期症狀都做不到,但因為他們研究的不是實際有更年期症狀的五十多歲女性,上述結論既無意義又愚不可及。

8. 「婦女健康倡議」聲稱,荷爾蒙補充療法會增加心臟問題的風險,但那種風險僅出現在女性進行荷爾蒙補充療法的頭一年,或是停經已超過二十年的女性身上。最初發表文章的五年後,婦女健康倡議研究員修正了上述發現,改口說,**事實上,女性在進入更年期後的頭十年展開荷爾蒙補充療法,能減少其罹患冠心病的風險。**

9. 2004年,「婦女健康倡議」引起一陣虛驚,讓人以為雌激素會增加中風風險。如我們在第五章所見,這項疑慮並不是婦女健康倡議自身的數據安全監測委員會建議所提出的,而是由引起關於乳癌那場虛驚的同一個小組提出的。此外,婦女健康倡議使用的中風定義非常廣泛,就連暫時、細微、一兩天內就會消失且沒有後遺症的異常狀態,也囊括在內。

如果以獨立的重新分析來控制，那種中風風險提升的狀況就消失了，這似乎顯示了危險的統計操縱情形。

10.多位「婦女健康倡議」的研究員仍持續推廣荷爾蒙補充療法以外的其他療法，他們不正確地宣稱，這些另類療法同樣能有效預防某些問題：以雙磷酸鹽與鈣因應骨質疏鬆症，以他汀類藥物因應心臟病，以身心鍛鍊因應阿茲海默症，此外，便是「健康飲食」與運動這兩個歷久不衰的萬靈丹。但如前所述，雙磷酸鹽與他汀類藥物各有其副作用，長期而言不如荷爾蒙有效。其他建議的效用則與安慰劑無異。

基於上述與其他許多原因，北美更年期學會在2017年發布一份立場聲明，指出「六十歲或六十五歲以上的女性，不須一律中止荷爾蒙療法，六十五歲以上的女性若有持續的血管舒縮症狀、生活品質問題，或為預防骨質疏鬆症，可在對其益處與風險的適當評估及諮詢下，考慮繼續進行荷爾蒙療法……沒有數據支持女性一到六十五歲就應一律停止荷爾蒙補充療法的做法。」以下團體皆為這份立場聲明背書：

・女性健康學院
・美國臨床內分泌醫師協會
・美國護理師協會
・美國醫學女性協會
・美國生殖醫學學會
・墨西哥更年期研究學會

- 生殖健康專業人士協會
- 澳大拉西亞更年期學會
- 英國更年期學會
- 加拿大更年期學會
- 中國更年期學會
- 墨西哥婦產科醫學院
- 捷克兩性更年期學會
- 多明尼加更年期學會
- 歐洲兩性更年期學會
- 德國更年期學會
- 更年期與荷爾蒙失調研究團體
- 印度更年期學會
- 國際更年期學會
- 國際骨質疏鬆症基金會
- 國際女性性健康研究學會
- 以色列更年期學會
- 日本更年期與女性健康學會
- 韓國更年期學會
- 新加坡更年期研究學會
- 國立女性健康護理師協會
- 義大利更年期學會
- 加拿大婦產科醫師學會

・南非更年期學會

・臺灣更年期醫學會

・泰國更年期學會

關於荷爾蒙補充療法的常見問題與建議

多年來，女性在我執業期間（在各種會議、演講、晚會上就更不用說了）問了不少問題。以下是經常出現的幾個問題。

Q・我進入更年期時並未服用荷爾蒙。現在六十多歲了，可以開始
進行荷爾蒙補充療法嗎？

一個從未接受荷爾蒙補充療法的六十三歲友人打電話來問我。她說：「我聽你談荷爾蒙補充療法已經好一陣子了，我想進行荷爾蒙補充療法。我進入更年期以來已經六年了，沒有任何症狀，但我很擔心自己的記憶力、心臟狀況和性生活。我應不應該考慮現在開始進行荷爾蒙補充療法？」

這是個很合理的問題。我的立場是，如果女性在更年期採用荷爾蒙補充療法來因應嚴重影響生活品質的症狀，那麼只要它有益處，就沒有理由不繼續下去，需要多少年就使用多少年；不過，當然要在醫師的指示下進行。但荷爾蒙補充療法不是你可以要開始就開始、要中斷就中斷，隔幾年又再繼續的療法。

它不是糖果，也不是維生素。它有個機會之窗存在，大致定義是在女性最後一次行經後的十年內，荷爾蒙補充療法在那個時期使用的效益最好。進入更年期十年後才採用荷爾蒙補充療法，風險可能會稍微提升；如果這名女性先前就有任何動脈粥狀硬化的問題，該療法可能會進一步阻塞已經變窄的動脈，至少在進行荷爾蒙補充療法的第一年是有此風險的。這項風險可經由檢查評估，以判定你的血管健康與心臟強度如何。

因此，我鼓勵朋友去接受這些檢查；她以漂亮的數值通過檢查，於是展開荷爾蒙補充療法。如果沒有上述預防措施，就貿然建議她服用荷爾蒙，會令我不安。

Q・荷爾蒙補充療法真的沒有風險嗎？

是的，此療法確實有一些風險，但多半很小，例如眼睛乾澀（奇特的是，這也是更年期本身的症狀之一）。有些女性在行經期間會出現偏頭痛，服用雌激素有可能使偏頭痛在更年期重現。

有些風險較嚴重，如美國預防服務工作小組指出的膽囊疾病與靜脈血栓。但就如羅傑・羅勃的結語：「許多負面效應並不致命，可藉由調整荷爾蒙補充療法的劑量與劑型來處理。這類效應包括乳房脹痛、腹脹、心情起伏不定、子宮出血，以及口服雌激素可能引起的血壓異常升高等。」

他指出，也可能出現較嚴重的問題，如靜脈栓塞（靜脈中的血栓遊走至肺部）等，但在進入更年期的健康女性身上，「這類風險很小，並

不比接受安慰劑治療的人顯著偏高……現有的數據顯示，荷爾蒙補充療法不會提升風險或引發嚴重的負面效應。」

支持羅勃結論的專業組織愈來愈多，它們都認為**荷爾蒙補充療法對心臟、骨骼、腦部、壽命的益處，遠遠超過了風險。**2013年，英國更年期學會與女性健康關懷組織建議，我們不應對女性使用荷爾蒙補充療法的期限多長設下武斷的限制。他們的聲明指出，如果其症狀持續，「荷爾蒙療法的益處通常勝過風險。」

Q·沒有其他治療更年期症狀的好方法了嗎？

我們在第二章指出，更年期症狀可能影響著高達80%的更年期前期與停經後女性，持續時間平均七年到十二年不等。雖然大多數症狀最後都會隨著時間消失，但如陰道搔癢、排尿灼熱感、頻尿、性交疼痛等，與陰道萎縮症有關的症狀，會隨著年齡漸長而益發顯著，而這類症狀往往能以局部雌激素陰道乳膏成功治療。草本療方對20%的女性有益，但此成功率和任何安慰劑都沒什麼不同；抗癲癇藥物「鎮頑癲」（Neurontin）和抗憂鬱症藥物「帕羅西汀」（Paxil）能降低大約60%女性的熱潮紅，但對其他更年期症狀，如關節痛、失眠、心悸等，沒有幫助。

當然，醫學界仍在持續尋找成功的非荷爾蒙療法。2018年，倫敦帝國學院研究者報告，某種非荷爾蒙口服藥物（NK-3拮抗劑）能緩解女性的熱潮紅症狀。他們的研究規模很小，僅有28名受試者，但它是隨機對照試驗，將來勢必會出現更大型的研究。

Q‧我不能只在最短期間內服用最低劑量就好了嗎？

如第二章所述，雖然所有雌激素製劑的標示都這麼寫，但這類建議沒什麼科學基礎，似乎是某些醫師心不甘情不願的妥協，他們仍相信荷爾蒙很危險，但也清楚荷爾蒙能幫到許多女性。北美更年期學會在對荷爾蒙補充療法的立場聲明中，勸臨床醫師別再提出這類流於簡單的建議，而是改以依每名患者的需要，根據其年齡、進入更年期的時間及其他個人健康風險考量，來開合適的荷爾蒙劑量與劑型。北美更年期學會也同意，關於女性接受荷爾蒙補充療法的時間長短，不應有任何「停藥日期」或強行限制。此外，內分泌學會在2010年的科學立場書中，也提出同樣的建議。

對於以上這一點，再強調也不為過。如前所見，針對某些狀況（尤其是骨質疏鬆症，最可能的還有認知衰退），如果女性停止荷爾蒙補充療法，其益處也就此喪失了。一名參與我的乳癌研究的女性告訴我，她接受荷爾蒙補充療法十年後，醫師建議她停止治療。那位醫師說，沒有證據顯示荷爾蒙補充療法還有任何附加益處——但那位醫師錯了。我們在第四章提過，年長女性停止服用荷爾蒙後，其骨質流失速度會加快；六年後，她們的骨質流失程度就和從未服用荷爾蒙的女性一樣了。

Q‧我要如何看待並判定自己的症狀適不適合荷爾蒙補充療法？

如果你正處於更年期前期或更年期，並考慮以荷爾蒙補充療法來改善生活品質，請先回顧第二章開頭列出的症狀 P056 。在熱潮紅、夜間盜

汗等常見症狀之外，也請務必留意通常不會聯想到更年期的其他症狀，如關節痛、心悸、頭痛、失眠等。請詢問自己：「每個症狀有多嚴重？該症狀影響生活品質的程度如何（一點影響也沒有、尚可忍受、很糟，還是難以忍受）？」當醫師或研究者在評估女性的生活品質，並請她大致描述自己的整體狀況時（「妳的身心狀態如何？心情還好嗎？健康如何？」），通常會引導女性去想「自己應要忍受而非抱怨」，卻沒有真正去了解困擾著女性的是哪個特定症狀或問題。

Q‧為何不用他汀類藥物取代荷爾蒙補充療法來保護我的心臟？

我們在第三章討論過，心臟病每年奪走的女性性命，是乳癌的七倍（30萬人對上4萬1000人）；在女性三十歲以後的每十年，心臟病奪走的性命都比乳癌更多。接受雌激素替代療法或荷爾蒙補充療法，可以減少高達50%的急性心血管事件與死亡發生風險。醫學組織大多勸人不要以荷爾蒙來保護心臟健康，反而是建議大家使用他汀類藥物來降低膽固醇，使用抗心律不整藥物來控制心悸。但他汀類藥物無法降低女性首次心臟病發作的風險，且上述藥物也不是沒有潛在嚴重的副作用。他汀類藥物可能會造成糖尿病或肝臟損傷，抗心律不整藥物則可能導致心率異常緩慢。

Q‧為何不以鈣與雙磷酸鹽來預防骨質疏鬆症及骨折？

美國每年與骨質疏鬆性髖部骨折相關的女性死亡人數，與罹患乳癌

死亡的女性人數不相上下。如我們在第四章所見，荷爾蒙補充療法與雌激素替代療法能降低30%到50%的骨質疏鬆性髖部骨折發生率，但女性應持續服用荷爾蒙至少十年，才能獲得這項益處；依據某些專家的說法，女性應無限期地持續使用荷爾蒙。

鈣與維生素D或許有助於加強骨質，協助有運動習慣的停經前女性預防髖部骨折，但對未接受荷爾蒙補充療法的停經後女性而言，似乎沒有什麼值得注意的益處。

如我們所見，2017年針對三十三項隨機試驗的大型回顧發現，鈣、維生素D，或結合鈣與維生素D補充劑，似乎皆與非脊椎骨折、脊椎骨折、總骨折的發生率之間無任何關聯。

至於雙磷酸鹽，無論是口服還是注射，起初確實能減少髖部骨折的風險，但弔詭的是，使用五年後反而會增加骨折風險。此外，雙磷酸鹽也可能造成胃部不適；雖然罕見，但也可能導致顎骨骨質的嚴重流失，帶來疼痛。易維特（鈣穩）是預防骨質疏鬆症的合格用藥，但不同於雌激素，目前已證實它無法降低髖部骨折的風險。

Q．能不能以雌二醇與其他生物同質性藥物來取代普力馬林？我對使用「馬尿」這整件事感到不舒服。

我們在第二章談過這類普遍的疑慮，但再重複一次無妨。生物同質性荷爾蒙指的是分子結構與身體自然產生的荷爾蒙相近的處方荷爾蒙。成年女性在雌三醇（estriol）或雌固酮（estrone）之外，還會分泌雌二醇，

這是體內濃度最高的循環雌激素（生物同質性雌激素通常是指類雌二醇，但也可能指類雌三醇或類雌固酮）。

普力馬林是市面上最常見的雌激素，是從懷孕母馬的尿液中萃取出來的，有些女性會介意這一點，但普力馬林含有至少十種雌激素的分子形式。市售雌激素與生物同質性雌激素（通常是類雌二醇）都是經美國食品藥物管理局許可並管制的雌激素。

然而，美國人廣泛使用的複合性生物同質性荷爾蒙，通常是地方藥局應女性的醫師所開的藥方製作的。它們不是標準化的藥劑產品，不受美國食品藥物管理局管制。因此，我與所有大型醫學會都不鼓勵以這類藥物來取代合格的雌激素與黃體素的劑型。

Q·使用哪種雌激素劑型有差別嗎？

我知道許多接受荷爾蒙補充療法的女性使用的是貼片而非藥丸，所以她們常問我有沒有關係。她們使用貼片，通常是因為婦科醫師告訴她們，貼片的「害處沒那麼大」，意指血栓風險沒那麼高。確實如此，但他們沒說出口的是，貼片的「好處也沒那麼大」。並非所有劑型的雌激素都對（好比說）認知功能同樣有效，或都能降低心臟病風險；而口服劑型似乎比貼片更能有效預防心血管疾病與中風。蘿貝塔·布琳頓與其同僚研究雌激素及阿茲海默症的相關腦部功能已有多年，他們發現有一種雌激素僅有普力馬林含有，那就是馬烯雌酮，它能刺激皮質與其他腦部區域的神經元生長。

如我們在第五章所見，在如今四十五歲的美國女性中，有20%的人可能在餘生中罹患失智症，且半數的失智症病例是阿茲海默症造成的。六十多歲的女性罹患阿茲海默症的機率多一倍，乳癌也是如此，而且，雖然如今死於心臟病、中風、乳癌的人日益減少，但與阿茲海默症相關的死亡率，則隨著年齡漸長而逐步上升。目前沒有哪種非荷爾蒙療法能有效減緩或逆轉阿茲海默症及其他失智症的悲慘症狀，也就是說，沒有哪種藥物、心智鍛鍊是有效的，就連體能鍛鍊也沒用。目前唯一成功的醫療介入手法是荷爾蒙療法，它能減少女性40%到50%的阿茲海默症風險，如果女性進行荷爾蒙療法十年以上，效果更好。

Q・黃體素會造成問題嗎？

多年來，人們一直相信是雌激素使停經女性面臨較高的乳癌風險。如今，我們得知並非如此；雌激素甚至能降低那種風險。於是，人們的注意力便轉移到黃體素可能造成的傷害上。就迄今任何研究的觀察來看，女性服用雌激素合併天然微粒化的黃體素，不會增加乳癌風險。雖然我不認同，但有些研究者相信合成黃體製劑會微幅增加乳癌風險，不過就算如此，也僅增加了不到兩個百分比 P225 。而儘管荷爾蒙補充療法會增加那一丁點的乳癌風險，我們也要記得：接受荷爾蒙補充療法的女性平均壽命，比未接受荷爾蒙補充療法的女性更長。

安全（見第六章，然後請教你的醫師）。

過時的雌激素觀念該退場了

英國醫學博士暨牛津大學醫學系教授喬治・懷特・皮克林爵士（Sir George White Pickering）很清楚，每位醫師必須以最佳的可得科學資訊來協助患者時，所面臨的各方壓力。他說：「如果你是臨床醫師，就得要相信自己知道如何協助患者，不然你就看不了診，開不了藥了。然而，如果你是科學家，就萬萬不能把話說死，因為不再提出問題的科學家，是個差勁的科學家。」

對我而言，行醫就像走鋼絲，必須在藝術與科學、定數與不定數之間求平衡，因為某個藥物或療程對患者整體來說雖然有益，但有些人的反應卻不是那麼好。對於任何療法，我們身為醫師的人，永遠都在計算其益處是否能抵過風險，思忖如何為每一名患者進行不同計算。

科學給我們的畢竟是整體模式與團體預測，無法告訴我們某個特定的個人應該怎麼做。那就是為什麼菸槍老是拿他們一天吸三包菸卻活到九十九歲的莎莉舅媽或莫提舅公當例子；他們拿少見的異例為抽菸辯護，卻對更重要的統計數字視而不見，那些數字顯示抽菸對健康有莫大的風險。反過來，也有些女性會說：「我朋友哈麗葉接受荷爾蒙補充療法五

年後得了乳癌，所以我永遠不會考慮使用荷爾蒙補充療法。」這時，她們看的確實是強而有力的例子，但同樣不符合更多數的證據。如果哈麗葉沒有接受荷爾蒙補充療法，就鐵定不會得乳癌了嗎？如果哈麗葉每天早上喝咖啡喝了五年，然後得乳癌，應該以此來當成我們戒掉咖啡的理由嗎？

我從幼貓研究中獲得了若干洞見，這個研究就像康納曼「理論引致的盲點」的神經學版本。幼貓就像人類嬰孩，一出生就有視覺能力，能偵測縱橫線及其他空間方向。但如果剝奪了牠們正常的視覺經驗，相關細胞就會退化，損及貓咪的感知能力。在一項經典研究中，小貓從出生後就被養在暗處五個月，但每天有幾個鐘頭會把牠們放進特別的圓柱體中，讓牠們眼裡僅有縱線或僅有橫線。然後，僅能看橫線的貓咪開始出現了感知縱線的問題，牠們會跑去耍弄橫棒，但不會動直棒。給牠們一張椅子，牠們會跳上水平的椅面，但一直撞上椅腳。給僅看縱線的貓咪同一張椅子，牠們則是開心地繞著椅腳跑，卻看不見上方可蜷伏休息的水平椅面。

我經常觀察到，思維障礙如何讓醫師與患者看不見事情的全貌。我了解為什麼許多人不信任現代醫學，因為現代醫學看起來往往像是涉及技術與藥物的冷血事業，醫師忙著處理那些技術與藥物，所以無暇專注於眼前的個人——那個忐忑不安、充滿憂慮與恐懼的個人。我了解為何今日會有那麼多人受另類醫學吸引，因為另類醫學承諾帶來「天然」療方、「生物同質性」複合物，也展現出對全人的人道關懷。但就像健康的幼貓必須感知到椅腳與椅面才能看見椅子，僅有單一感知會扭曲人的視域。

在我眼裡，患者遠遠不僅止於眼前他們帶來的問題；我以自己對人類的認識來調和我對科學的所知。如同所有腫瘤學家，我很清楚乳癌對女

性、身邊的人和整個人群造成多少壓力與負擔，但我不希望那一點凌駕於我對任何一位女性的建議或治療計畫之上。

有些荷爾蒙補充療法研究者與乳癌行動人士，就像僅看見縱線的幼貓，只聚焦於乳癌及患者對乳癌的恐懼；他們恐懼乳癌，眼裡只有乳癌。但這種焦點使人無法考慮女性罹患心臟病與骨質疏鬆症的更大風險，這類問題致命的可能性高得多。確診乳癌已不再是無轉圜餘地的死刑，而且數十年來皆是如此。要成功治療乳癌，大多已不再需要切除整個乳房，今日主要是以化學治療來進行。我也一再重申，今日確診出早期乳癌的女性，治癒的可能性高達九成以上。患者的生活情況、症狀、其他疾病的風險、個人目標等，就像劑型、劑量、治療時間多長一樣，都必須先納入考量，再為患者要不要採用雌激素替代療法或荷爾蒙補充療法提出建議。

基於上述原因，我永遠不會建議讀者（即使是本書也不例外）非要採取哪些行動不可，才是最佳或最健康的療法。話說回來，身為一輩子在科學與行醫之間走鋼絲的人，我相信荷爾蒙補充療法的益處良多，也許還能延長女性的壽命。

為了女性的健康與生活品質著想，為了讓科學與醫療實踐更上一層樓，過時的雌激素觀念該退場了。女性不應因羅伯・威爾遜異想天開、自以為是賞賜般的「青春永駐」觀念，而接受荷爾蒙補充療法，但就如伯納丁・希利在多年前建議的，荷爾蒙補充療法也許能使她們人生健康的時候更長久。那正是為什麼我堅信雌激素很重要的原因。

後・記

　　本書出版以來，我們持續蒐羅關於雌激素益處的證據，也時時仔細留意質疑我們結論的任何研究。我們將新發現與新的參考資料細節，更新在以下的本書網站：https://estrogenmatters.com/，此處先列出一些重點。

　　首先最重要的，「婦女健康倡議」幾乎已收回了所有語不驚人死不休的早期發現。在最近發表的文章中，他們報告了**雌激素不會增加「全因死亡率」或心臟病與癌症死亡率**。他們說，其實雌激素能使人長壽，在最後一次行經的十年內開始服用，效果最顯著。雌激素是預防骨質疏鬆性髖部骨折的最佳方法，經由塗抹陰道來因應局部症狀，既安全又有效。

　　他們在2003年的文章標題宣稱，更年期女性接受荷爾蒙補充療法「對健康相關的生活品質，沒有具臨床意義的效應」，但到了2019年，他們的態度一百八十度大轉變，聲明「荷爾蒙療法是因應更年期血管舒縮症狀最有效的療法」。如今，他們寫道，「熱潮紅與夜間盜汗影響了七成左右的中年女性，且可能會持續十年以上，對睡眠、日常活動、生活品質」皆會產生重大的負面效應，又接著說，「攪亂生活的熱潮紅往往會造成認知與心情症狀」，基於上述原因，有頻繁、嚴重更年期症狀的女性「也許能從荷爾蒙療法中獲益良多」。

　　這項結論姍姍來遲，雖然好過永遠不來，但如果來得更早一點，就能造福那些被婦女健康倡議奪走這種「最有效」療法的廣大女性了。

女性對乳癌根深柢固的恐懼，是她們避開雌激素的主要原因，關於這一點，「婦女健康倡議」的研究員在2020年指出，**隨機接受雌激素的女性，其乳癌發生率下降了23%**，而這是追蹤十九年的結果。但他們仍宣稱，雌激素合併黃體素的荷爾蒙補充療法會提升風險。

不過，有兩名醫學偵探挑戰了上述發現，表示其結果來自對統計數字的錯誤詮釋：女性接受荷爾蒙補充療法後，風險並未提升；對照組的風險下降，是因為那一組有多名女性在參與研究前就一直在服用雌激素！如果把這些女性排除在分析之外，那麼「假定的荷爾蒙補充療法會提升風險」的說法，便消失無蹤了。

最後，對擔心接受乳癌治療後之孕期（雌激素會增加到十倍之多）安全性的許多女性來說，還有更多好消息。一項世界各地多間研究機構的合作研究提出結論，在接受乳癌治療後懷孕，不會對其預後產生任何負面效應，不論其雌激素受體檢驗是否為陽性。這是追蹤時間中位數七・二年的結果。另一項發表於2020年，以1252名有乳腺癌基因異變之乳癌患者為對象的回溯性國際分群研究指出，**在接受乳癌治療後才懷孕，不會造成乳癌復發風險的提升。**

儘管如此，在我寫作本書的2021年，仍未等到美國國家衛生院開記者會向女性保證雌激素具有種種益處，並公開說明「婦女健康倡議」最早那些至今仍被多數醫師奉為圭臬的恐怖故事，到底是出了什麼問題。相反地，每當有人再一次集合大量受試者，最後硬擠出微小又似是而非的「發現」來嚇唬女性時，新聞頭版就會像兔子追蘿蔔似的窮追不捨。2019年，頗具威望的英國期刊《刺胳針》發表文章，宣稱荷爾蒙補充療法會增加乳

癌風險，不可避免地激發了諸多新聞頭條與恐懼，因此我們又細細審視其中的細節。再次證明，那些數據只是虛驚一場。

我們仍在等候那場記者會。

健康 Smile
103

健康 Smile
103